清华游戏开发丛书

THE PRACTICAL DEVELOPING GUIDE FOR UNITY 3D

DEVELOPING MOBILE GAMES ON DIFFERENT OPERATING SYSTEMS

Unity游戏实战指南

手把手教你掌握跨平台游戏开发

柯博文◎著

Powen Ko

清华大学出版社

北京

内 容 简 介

本书系统介绍了 Unity 3D 开发的一般原理、方法与项目实践。全书主要采用项目实例的方式来介绍 Unity 3D 手机游戏开发的全过程。全书内容包括：Unity 功能与安装、Unity 工作环境与使用操作、我的第一个 Unity APP、贴图纹理、Prefab(预制)对象、摄像机、音乐与音效、2D 游戏设计、操作输入控制、山水造景 Terrains、3D 人物动作控制、跨所有平台的游戏发布、Unity 3D 发布上架与在实际设备测试。此外,书中详细介绍了 8 个手机游戏案例的开发过程,用以巩固理论知识,包括灌篮高手游戏、捡宝物游戏、狗狗过街游戏、音乐英雄游戏、射击游戏、苹果忍者游戏、3D 动作游戏、3D RPG 捡宝物游戏等。这些游戏案例均可二次开发使用。

为提高读者学习效果,便于动手开发实践,本书配套提供所有示例源代码,并精心录制了所有章节的教学视频。

本书适合作为广大移动开发人员、Unity 3D/2D 开发人员的入门参考读物,也适合作为高等学校计算机相关专业移动开发与游戏开发类课程的参考书。

图书在版编目(CIP)数据

Unity 游戏实战指南：手把手教你掌握跨平台游戏开发/柯博文著.--北京：清华大学出版社,2016
(清华游戏开发丛书)
ISBN 978-7-302-43792-5

Ⅰ. ①U… Ⅱ. ①柯… Ⅲ. ①游戏程序－程序设计 Ⅳ. ①TP311.5

中国版本图书馆 CIP 数据核字(2016)第 100116 号

责任编辑：盛东亮
封面设计：李召霞
责任校对：白 蕾
责任印制：李红英

出版发行：清华大学出版社
　　　　网　　　址：http://www.tup.com.cn,http://www.wqbook.com
　　　　地　　　址：北京清华大学学研大厦 A 座　　　　邮　　编：100084
　　　　社 总 机：010-62770175　　　　邮　　购：010-62786544
　　　　投稿与读者服务：010-62776969,c-service@tup.tsinghua.edu.cn
　　　　质量反馈：010-62772015,zhiliang@tup.tsinghua.edu.cn
　　　　课件下载：http://www.tup.com.cn,010-62795954
印 刷 者：北京鑫丰华彩印有限公司
装 订 者：三河市溧源装订厂
经　销：全国新华书店
开　本：186mm×240mm　　印　张：20　　　　字　数：443 千字
版　次：2016 年 7 月第 1 版　　　　印　次：2016 年 7 月第 1 次印刷
印　数：1～2500
定　价：59.00 元

产品编号：066285-01

推荐序
FOREWORD

承蒙清华大学出版社编辑盛东亮先生和本书作者柯博文老师的盛情邀约,为本书写一段推荐序言。

我于 2011 年 1 月加入 Unity 公司伊始,就很荣幸有机会认识了柯博文老师。那时,Unity 在中国乃至亚洲还处于起步阶段。需要对开发者提供全方位的培训,因此我有幸在美国硅谷接触了柯博文老师。通过交流,深感柯博文老师在移动应用(Android 和 iOS)开发领域的深厚功底和对 Unity 培训的完整见解和细致的规划。在随后的几年中,本人也有幸和柯博文老师共同为推广 Unity 效力。

经过各方数年的努力,今天的 Unity 引擎和工具已经深受大中华地区乃至全球广大开发者的欢迎。使用 Unity 开发的早期作品,例如上海骏梦的《新仙剑》、蓝港的《王者之剑》、昆仑万维的《绝代双骄》等游戏在市场上赢得青睐,收益丰厚。不仅如此,Unity 还被广泛用于开发非游戏应用,如军事领域的应用、虚拟展馆、房地产展示、工业领域的培训、教育课件,等等。

随着开发虚拟现实(Virtual Reality ,VR)和增强现实(Augmented Reality,AR)应用的不断升温,Unity 不仅整合了虚拟现实开发插件,而且也在不断整合增强现实插件。这些努力使得开发者为顶级硬件设备(如 Oculus Rift、三星 Gear VR、微软 Hololens 等)开发内容变得更为容易。因此,Unity 引擎和工具仍然是广大开发者的不二选择。将会有越来越多的开发者学习使用 Unity。

看到《Unity 游戏实战指南——手把手教你掌握跨平台手机游戏开发》初稿时,我感觉非常亲切。这不仅是由于我相信柯博文老师的实力,也在于本书的内容。全书从第 4 章到第 11 章,每一章都配合一个实用的项目作为案例,是一本基础知识和实际操作紧密结合的佳作。可以毫不夸张地说,只要跟着这本书学习一遍,我相信读者即可掌握独立开发 Unity 游戏项目的能力。

推荐此书,倍感荣幸!

郭振平

华宸互动 CTO

原 Unity 亚太区技术总监

前 言
PREFACE

本书是针对 Unity 3D 有兴趣的程序开发者，由入门到深入，将 Unity 3D C♯程序语言用浅显而易懂的文字来解说，并依照游戏的实际案例，成为最丰富的 Unity 3D 游戏实战开发书，并且是全程视频教学书籍。本书包含 Unity 3D 工具和 Unity 3D C♯相关 API 的使用方法，每个样例都可以单独运行实战游戏。

当全世界都在赞叹智慧型手机的销售量时，其对游戏 APP 的就业机会和对人才的需求若渴，大量的高薪机会却找不到人，在有着大好机会的 APP 时代，为何不给自己一个机会进入 APP 的行列中？本书是针对没有任何手机和程序基础但却对此感兴趣的开发者编写的。书中使用手把手和全程影音教学的案例教学方式，并且使用大量的样例和实战经验，针对程序的 API 和最新的 Unity 5 的顶尖技术进行详细讲解，结合大量的实际案例与经验，最终整合出受欢迎的商业软件，让读者能够成为真正能在 APP 和网络游戏中驰骋的游戏设计高手。

本书是笔者在全球一些大城市教授 Unity 3D 的课程内容汇集大全。书中内容经历过多次的国内外的游戏业界顶尖游戏公司的企业内训、众多游戏工程师和学校的游戏科系的培训的检验，可以说是精华内容的汇集。本书也提供很多样例，供开发 Unity 3D 有兴趣的开发者参考，感谢多位学员和业界高手的鼓励，才能够推动本书问世。最重要的是要感谢购买此书的你，让笔者更有实质的动力，继续写作。

在此要特别感谢编辑，在通过上百篇的邮件，多次的会议中，逐字校对尽心尽力，从最专业的角度推荐写作的方法和用字，以便把最好的书呈献给读者，相信你在阅读时，也可以感受到这本书的专业性与大家的用心。笔者才疏学浅，在美国硅谷居住大半辈子，使用中文撰写时遣词造句难免有不妥与疏忽，还请各专业人士多多指教和见谅。

本书不是一种简单的普通读物，期许成为你工作与学习路上的参考宝典，在阅读的时候，如果有任何问题欢迎到柯博文老师的网站 www.powenko.com 或者微博上一同讨论，一同交流，以便结交更多朋友。

最后祝大家在游戏开发过程中一帆风顺。

柯博文

LoopTek 公司 CTO

于美国硅谷 San Jose

关 于 作 者
ABOUT AUTHOR

柯博文老师致力推广手机应用,在国内外多个城市都曾举办教学与推广活动,曾在台北Computex、CGDC中国游戏开发大会、CSDN移动开发大会等进行过十多场演讲,并在各地多个机构教授相关课程。如果你与公司有培训需求,请来信到 powenkoads@gmail.com。

柯博文老师的个人网站:http://www.powenko.com。

柯博文老师的脸书:http://www.facebook.com/powenko1。

柯博文老师的微博:http://t.sina.com.cn/powenko。

目 录

CONTENTS

第 1 章

Unity 功能与安装

本章介绍 Unity 的功能及其安装与设置方法，Unity 安装设置完成后的界面如图 1-0 所示。

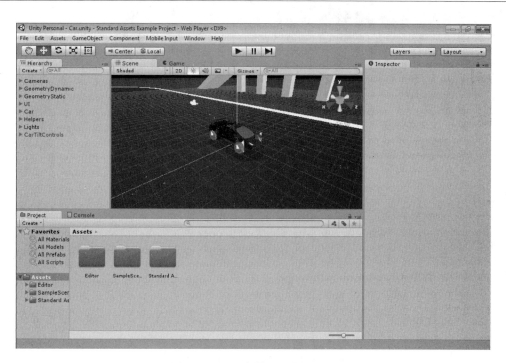

图 1-0　Unity 安装设置完成界面

1.1　Unity 简介

现在到处都能看到 3C 电子产品，不管是 Android 与 iOS 当今智慧型终端的两大主流平台，还是网页、部落格、Facebook 的网络，以及在电视机上面玩的 XBox 360、Wii、PS3 的次世代游乐器主机等。

　　几乎每个人手上的 APP 都是游戏居多,因此可以看到各大公司已经通过 Unity 开发出多款受玩家欢迎的游戏,期待你也能在新的移动设备游戏趋势潮流下,霸占玩家的荷包。

　　Unity 这几年快速的崛起是因为其强大的设计能力能让开发者在短时间之内把想法具体转变成游戏开发工具,同一个开发环境(见图 1-1),3D 视觉化编辑,可观看每一个对象的详细设置,并及时地对每场游戏进行预览。

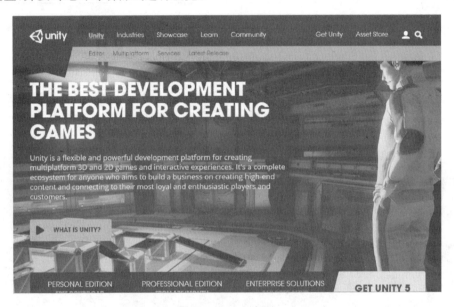

图 1-1　Unity 主页

　　成果可以同时在多个平台上发布(见图 1-2):

　　(1) 在 Microsoft Windows 或 Mac OS X 上运行程序。

　　(2) 在 Windows 和 OS X 的浏览器中都可以运行(如 IE 浏览器、火狐、Safari 浏览器、Mozilla、网景、谷歌 Chrome 和 Camino)。

　　(3) 可以成为 Mac OS X 的 Dashboard widget。

　　(4) 可运行在任天堂的 Wii、微软的 Xbox 360、PlayStation 3/4(需要游乐器主机官方许可证)。

　　(5) 可运行在苹果 iPhone/iPad 和谷歌 Android。

图 1-2　完成之后可以发布的平台

　　3D模型可以加载到 Unity 的项目中，自动导入，并重新导入资产更新。当前支持 3DS MAX、Maya、Softimage、Blender、MODO、ZBrush、CINEMA 4D、Cheetah3D、Photoshop 和 Allegorithmic 的 3D 模型文件。

　　图形引擎使用 Direct3D（Windows）、OpenGL（Mac、Windows）、OpenGL ES（IOS、Android），以及专有的 API（Wii 游戏机）。支持凹凸贴图、反射贴图、视差映射、屏幕空间环境闭塞，使用阴影贴图、纹理和渲染全屏的后处理效果动态阴影。

　　界面化的地形管理系统，加入地形和草丛的引擎，并且有树木、花草的功能。

　　支持的程序语言有 NET Framework 开源 mono 的 C♯脚本、Javascript、BOO，并且能用 MonoDevelop 工具设计游戏脚本与调试。

　　The Unity Asset Store 是 Unity 内置的商店街（见图1-3），其中有上千个与游戏相关的内容，包括模型、字符、代码、音乐与音效等，可以把作品放上去销售。

图 1-3　Unity Asset Store 的主页（可以从中任意购买游戏的各种元素）

Unity 的其他特色如下：

（1）内置支持 Nvidia 公司（原 AGEIA）PhysX 物理引擎。

（2）音乐、音效系统，能够播放 Ogg Vorbis 等主流声音格式。

（3）使用 Theora 的编解码器的视频播放。

（4）内置 lightmapping 和全球照明。

（5）ShaderLab 语言使用着色器。

1.2　Unity 的下载、安装与注册

本节介绍下载、安装和注册 Unity 的整个流程和步骤。

1.2.1　下载 Unity

如果要下载 Unity 可到官方网站 http://unity3d.com/上，其中有免费的版本和专业版
30 天试用的版本，可以供你学习，一般版本基本上就够了。

STEP1：到官方网站下载

在官方网站（见图 1-4）右上角有一个 Download 按钮，单击后选中 Download Unity，系
统会针对你的机器自动选择 Mac 或者 Win，选中并换页后，便会自动下载。推荐在网络速
度快一点的地方下载。

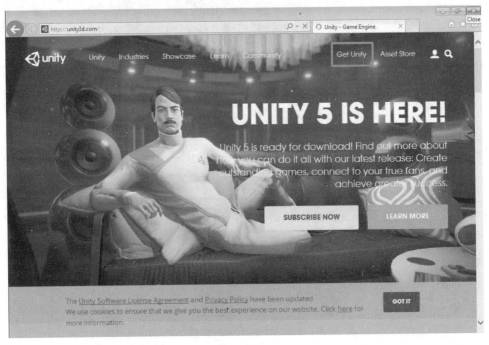

图 1-4　通过 Unity 的主页选择 Get Unity 下载

STEP2：挑选一般版本或专业版

如图 1-5 所示，系统会询问是要一般版本还是专业版本，此时用户可自行决定。专业版
本一个月收费 75 美元，以本书来讲，使用一般免费的版本就足够了。

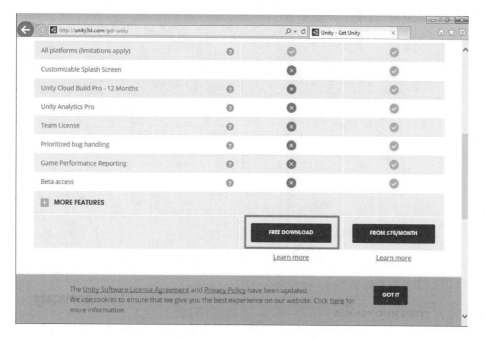

图 1-5　单击 FREE DOWNLOAD 下载免费使用版

STEP3：下载 Unity 安装软件

在图 1-6 中单击 DOWNLOAD INSTALLER 选项，就可以下载 Unity 的安装软件。

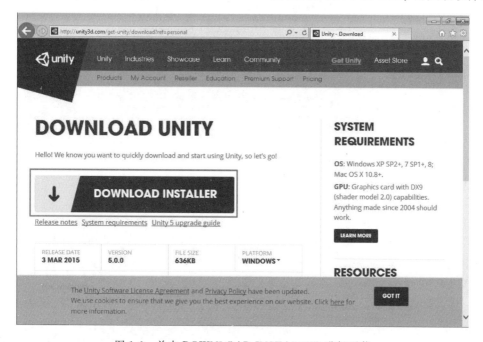

图 1-6　单击 DOWNLOAD INSTALLER 进行下载

STEP4：选中 Unity 自行安装软件

在图 1-7 中选中自行安装软件，系统就可以自动下载并安装。

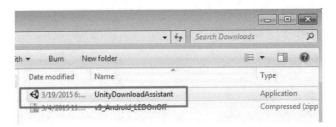

图 1-7　自动下载并安装

1.2.2　安装 Unity

可依照以下步骤运行安装程序，把 Unity 软件安装到个人计算机上。

STEP1：选中下载的文件

接上一步骤，等整个下载成功之后，如图 1-8 所示，选中下载的文件 unityDownloadAssistant. exe 并将其运行后，就可以进入整个安装过程。

图 1-8　单击 Run 按钮进行安装

STEP2：欢迎页

如图 1-9 所示，单击 Next 按钮，进行下一步。

STEP3：版权声明页

此时会出现 Unity 的版权声明，在读完版权合约后，如图 1-10 所示，单击 I Agree（同意）按钮，进行下一步。

STEP4：安装的文件

如图 1-11 所示，Unity 会问你要安装哪些文件，推荐全部都安装，单击 Next 按钮，进行下一步。

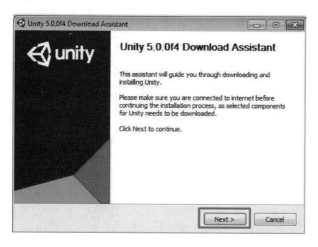

图 1-9　单击 Next 按钮

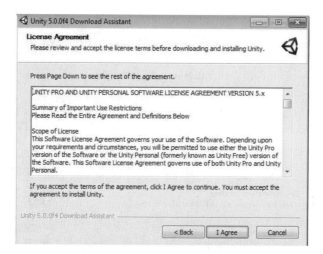

图 1-10　单击 I Agree(同意)按钮

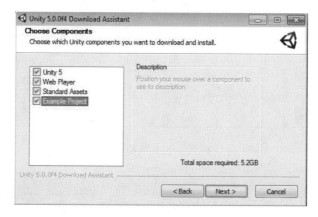

图 1-11　选择安装的文件

STEP5：安装路径

如图 1-12 所示，Unity 会让你选择要安装的运行路径。在此可选择一个合适的安装路径，需要约 1.3GB 的空间。

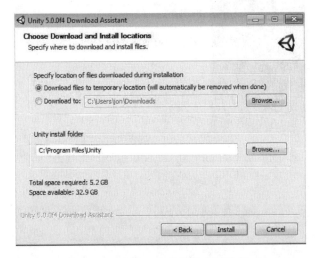

图 1-12　选择一个合适的安装路径

STEP6：下载安装

如图 1-13 所示，请稍等一下，以笔者的环境来说，大概 5min 之内即可完成整个安装过程。

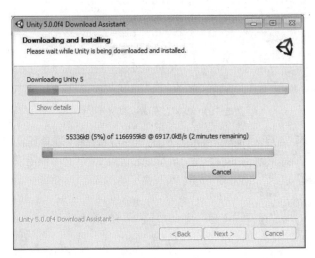

图 1-13　下载安装

STEP7：完成

等待安装后，如图 1-14 所示，安装便成功了。

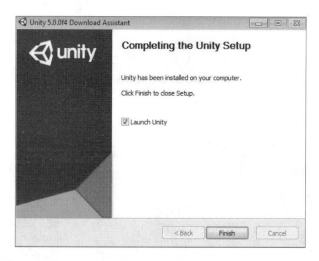

图 1-14　安装完毕

1.2.3　首次运行注册

STEP1：运行 Unity

安装成功后，可以在程序集中（见图 1-15）运行 Unity 开发工具。

图 1-15　运行 Unity 开发工具

STEP2：运行的版本

首次运行时 Unity 便会出现此注册需求页，可以选择 Register。第一次运行时它会要求做注册的动作，Unity 有个人免费版和专业试用版。如果购买专业版本，输入序列号后就可以使用。在此笔者是使用个人免费版，同意后，单击 Next 按钮，进行下一步，如图 1-16 所示。

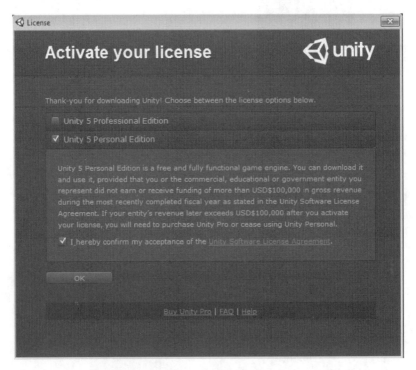

图 1-16　运行的版本

STEP3：注册数据

此时会出现注册页，若没有在 Unity 中创建账号，如图 1-17 所示，可以通过其中的 Create Account 按钮创建一个免费的账号。

如果有账号，可在图中填写 E-mail 电子邮件、Password 口令，选择是否要收到免费的 Unity 新闻，并单击 OK 按钮，进行下一步。

对于还没注册的用户，如图 1-18 所示，当单击 Create Account 按钮时，就会跳到注册网页。注册为一般用户时，不用担心要付费，即可正常使用。

STEP4：完成注册

完成后，如图 1-19 所示，即结束安装、注册的动作。接着单击 Start using Unity 按钮正式打开 Unity。

如果需要再次运行 Unity，则直接选择"程序集"|Unity|Unity 即可，如图 1-20 所示。

图 1-17　注册页

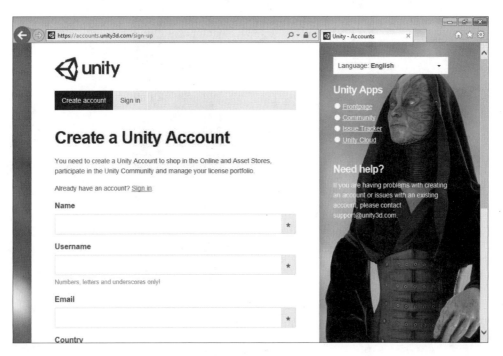

图 1-18　注册网页

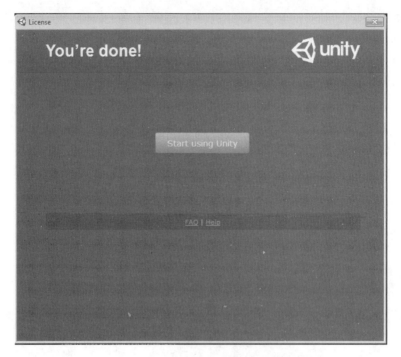

图 1-19　完成安装、注册的动作

图 1-20　选择"程序集"|Unity|Unity 运行 Unity

1.2.4 运行 Unity

在第一次运行 Unity 的时候，会看到 Unity 工具，其会询问 Open other（打开其他的项目）、New project（建立新的项目）、Standard Assets Example Project（打开范例项目）。

如图 1-21 所示，先选择 Standard Assets Example Project（打开范例项目）来了解 Unity 的工作环境。

图 1-21 选择项目

接着样例程序就会被读入 Unity 系统中，如图 1-22 所示。

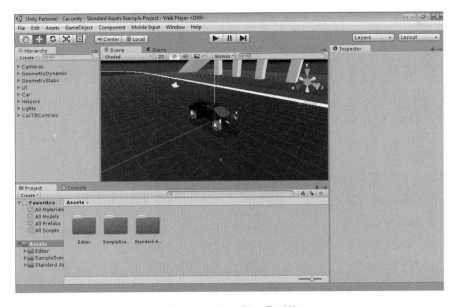

图 1-22 Unity 的工作环境

在 Unity 工具栏的中间(如图 1-23 所示)会看到 Unity 仿真器的控制项,分别是运行、暂停、一次运行一步。

只要单击 Play 按钮即可享受 Unity 的游戏。

图 1-23　单击 Play 按钮运行游戏

接下来就可以在 Unity 模拟器上玩游戏了,如果要停止游戏,再单击一次 Play 按钮即可,中间的是暂停按钮。

教学视频:

如果想知道如何安装 unity3D,可以参考教学视频 unity3d-5-10-install。

本章习题

1. 问答题

(1) Unity 可以使用哪些程序语言开发?

  A. Linux 操作系统   B. Windows 操作系统

  C. Mac 操作系统   D. 以上皆是

(2) 开发后的成品,可以在哪些平台上运行?

  A. PC 操作系统   B. 网页

  C. iOS/Android 手机操作系统   D. 以上皆是

（3）现在手机的操作系统有哪些？

    A. Android 操作系统   B. iOS 手机操作系统

    C. Windows Phone 手机操作系统   D. 以上皆是

（4）Unity 最新版本号码是什么？

2．实作题

（1）依照本书的设置，将 Unity 安装在个人计算机上。

（2）到 Unity 完成注册的动作。

（3）在个人计算机上，运行任何的 Unity 项目游戏。

第 2 章　Unity 工作环境与使用操作

本章介绍 Unity 工作环境及其使用的基本方法，Unity 工作环境设置界面如图 2-0 所示。

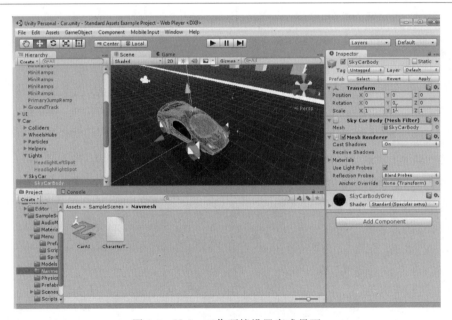

图 2-0　Unity 工作环境设置完成界面

2.1　Unity 窗口样式

先学习 Unity 的开发环境。如果还没有打开 Unity，可以在 Windows 系统中选择 Start|All Programs|Unity。

这里花点时间熟悉 Unity 的编辑器界面。看一下图 2-1，Unity 是以 5 大块来工作的。

主要的编辑器窗口由几个选项式的窗口组成。本节介绍每一个窗口的主要功能，用户可以自定义画面与窗口的尺寸。

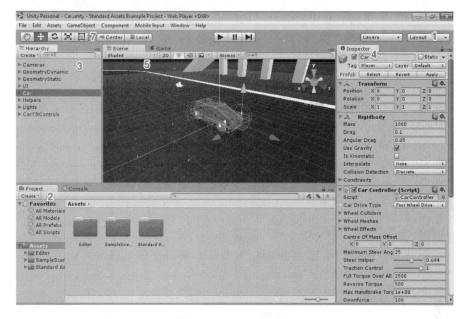

图 2-1　Unity 开发环境

（1）Unity 的窗口样式：可参看本节的介绍。

（2）Project(项目)窗口：可参看 2.2 节的介绍。

（3）Hierarchy(层次)窗口：可参看 2.3 节的介绍。

（4）Inspector(检查员)窗口：可参看 2.4 节的介绍。

（5）Scene(场景)窗口：可参看 2.5 节的介绍。

（6）Toolbar(工具栏)：可参看 2.6 节的介绍。

关于 Unity 工具的样式，用户可以自行改变窗口的位置和尺寸，并且可以通过鼠标拖拉，调整喜欢的样式和尺寸。

如图 2-2 所示，系统默认的也有几组样式，只要在 Unity 工具右上角的视角窗口选择，就可以有不同样式的窗口。

图 2-2　在右上角的视角窗口选择

右上角的视角窗口选项有下面几种不同样式：

（1）2 by 3——2个场景窗口。

（2）4 Split——4个场景窗口。

（3）Default——系统默认的样式。

（4）Tall——单一场景窗口。

（5）Wide——单一宽画面的场景窗口。

（6）SaveLayout——可以自定义样式，通过此选项就会存储起来。

（7）Delete Layout——删除。

（8）Revert Factory Settings——删除、恢复到出厂设置的样式。

在此介绍较常用的窗口样式。

1. 2 by 3：2个场景窗口

2 by 3的样式让用户有比较大的视角，可以从上下两个窗口观看游戏的场景，如图2-3所示。

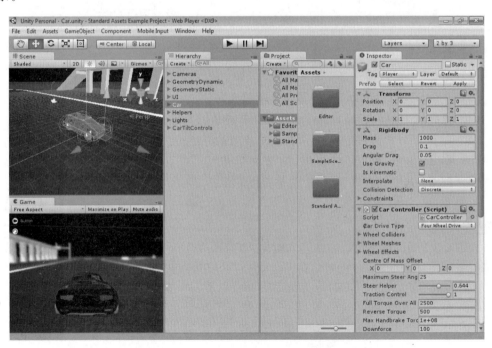

图 2-3 2 by 3 的样式

2. 4 Split：4个场景窗口

4 Split 将场景分隔成四个画面。笔者推荐第一次使用 Unity 的用户用这个窗口，以便可以从上、下、左、右、3D 的视角来观看游戏，这样会方便把游戏对象放在正确的位置，不会因为对 3D 环境不熟悉而摆错位置，如图 2-4 所示。

图 2-4　4 Split 的样式

3. Default：系统默认的样式

用户经常看到的画面就是 Default 系统默认的样式，如图 2-5 所示。

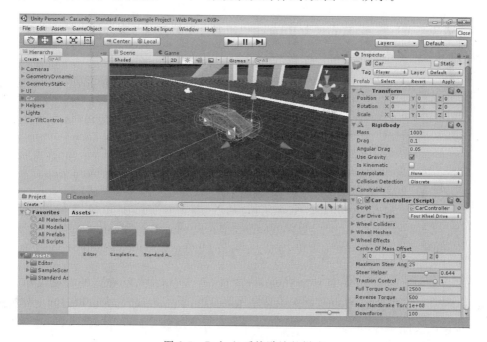

图 2-5　Default 系统默认的样式

2.2 Project(项目)窗口

Project(项目)窗口主要是存放用户在此项目游戏中所有的文件程序,如游戏中的图片、数据、音乐等。在游戏项目中,将会使用到的所有文件都需要先放置在此,如图 2-6 所示。

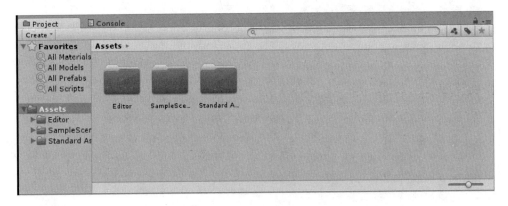

图 2-6　Project 窗口

每一个 Unity 项目中都会有一个 Project。此文件夹的内容显示出了在 Project 中的对象。这是用户存储的所有的游戏中所有可能会出现的文件和数据,如场景、程序脚本、3D 模型、贴图、图片声音等。

不知道你是否注意到,其实这个 Project 中所列出来的内容与文件目录读入的文件是一模一样的,只是列出来的是项目中的 Assets 下的所有文件,如图 2-7 所示。

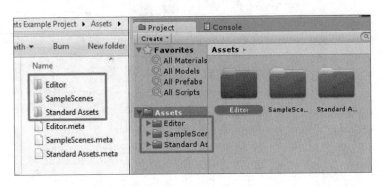

图 2-7　从文件目录中看到的数据

如果想看到实际的文件,只要在 Project(项目)窗口中右击,从弹出的快捷菜单中选择 Show in Explorer 命令(苹果计算机的名称为 Reveal in Finder)即可。也可以到文件管理系统中直接修改文件。

但是要小心,笔者不推荐在文件目录上修改数据,因为 Unity 有很多内容与设置属性文件都有关系。如果在 Unity 上修改,Unity 便会自动查询和修改在其他设置中是否有使用这个文件相关的设置,如果在文件目录上修改文件,就没有这样的功能,如图 2-8 所示。

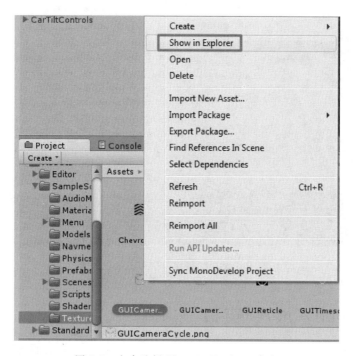

图 2-8　右击选择 Show in Explorer 命令

如果想添加文件数据到新的组件或是加上其中相关的文件,如图片文件、音乐文件等,有两种方法可以做到,并且可以在这个游戏项目中看到。

方法一:

在这个 Project 窗口上面右击,从弹出的快捷菜单中选择 Assets|Import New Asset 命令,就会出现新增窗口,然后选择相关的文件,做添加的动作后,就可以将组件加入到这个游戏项目。

方法二:

直接用从文件目录拖动文件或者文件夹到这个 Project(项目)窗口中,此时系统会复制一份到项目中。

当然,Unity 也有一些特殊的游戏文件格式在制作游戏中用到,而这些特殊的游戏组件,通常都是在 Project 窗口上通过右击,从弹出的快捷菜单中选择 Create 命令完成。其中有很多 Unity 专用的组件,这部分内容在后面的章节会专门提到,如图 2-9 所示。

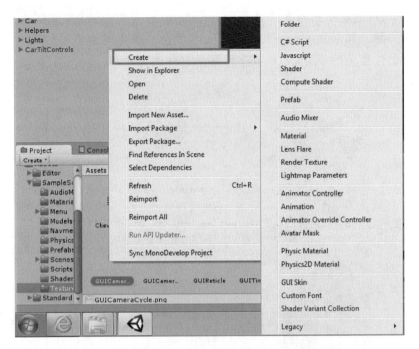

图 2-9　在 Project(项目)窗口中右击出现的快捷菜单

2.3　Hierarchy(层次)窗口

Hierarchy(层次)窗口如图 2-10 所示,其主要是表现当前场景中的每一项内容,大到游戏主角,小到灯光、烟火。所以只要显示在游戏上,都会有对应的对象在 Hierarchy(层次)窗口体现。

选择 Hierarchy(层次)窗口上面的任何内容都会在中间的"Sense 场景"和"Inspector 窗口"出现,包括它的详细信息和其现在的摆放位置、尺寸的大小,以及相关所使用的功能。

你会看到 Hierarchy(层次)窗口上的内容,左边有个三角形,那是 folder 文件夹的层次结构关系,单击后,就可以将其展开,从中可以看到更多的游戏中的对象。每一个对象都可以用这样的拖拉关系来建立连接和群组(Group)。

只要在 Project(项目)窗口中选取任何文件并拖拉到

图 2-10　Hierarchy(层次)窗口

Hierarchy(层次)窗口上面就是做添加的动作。

如果想要删除游戏中的某些内容,可以选中 Hierarchy(层次)窗口上的名称或者是 Scene(场景)窗口中的对象,按下 Del 键,就可以删除场景中的对象。

2.4　Inspector(检查员)窗口

不知您是否发现,当选择 Hierarchy(层次)窗口中的对象时,Inspector(检查员)窗口便会出现不同的内容。事实上,这是该游戏对象的属性。只要稍稍在上面修改任何相关数据,便会让此对象有不同的表现。

在 Unity 的游戏中包含多个游戏对象,如脚本、声音、灯光或其他图形元素。如图 2-11所示,在 Inspector(检查员)窗口上面会显示有关当前选定的游戏对象中的所有数据,包括所有附加组件及其属性的详细信息。

在这里通过图 2-12 介绍几个常用的属性。

图 2-11　Inspector(检查员)窗口

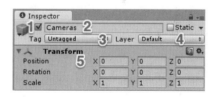

图 2-12　Inspector(检查员)窗口简介

大多数的游戏对象都会有以下属性:

(1) 显示或关闭该对象。

(2) 对象的名字。

(3) 该游戏对象的种类。

(4) 显示用的图层。

(5) 对象的外观:Position(位置)、Rotation(旋转)、Scale(缩放)。

不同的游戏对象会有不同的属性,用户不必刻意地去背诵每一个功能,因为上面有相应的名称与功能,且大多都是程序开发人员所开发出来的属性和数值的设置。只要学会后面有关编写程序的章节,就可以让游戏对象写出你的 Inspector 对象。

2.5　Scene(场景)窗口

如图 2-13 所示,通过 Scene(场景)窗口可以交互地观看用户对象的位置,也可以调整 Scene(场景)窗口所看到的游戏世界中的位置、远近和角度。确切地说,就是里面的游戏对象是否摆放在合适的位置。

1. 视角控制图

如图 2-14 所示,通过 Scene(场景)窗口右上角的视角控制图就可以决定该场景的视角是从上下左右的哪一个角度看过来的。并且可以使用鼠标的中间键控制 Scene(场景)窗口的旋转角度,使用鼠标的滚轮控制 Scene(场景)窗口的远近。

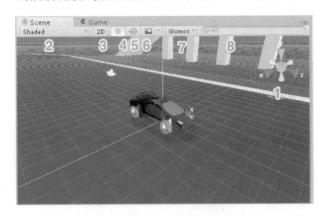

图 2-13　Scene(场景)窗口

图 2-14　选中该图片来决定 Scene(场景)窗口的视角

2. 显示的模式

通过 Scene(场景)窗口的这个选项,可以调整视角控制图的显示方法,如 Shaded(显示阴影)、Wireframe(网格模式)等。

3. 2D/3D 显示

通过该选项可以调整视角控制图的显示方法,是 2D 平面的设计,还是 3D 的立体设计,如图 2-15 所示。

4. 灯光开关

选中后,就可以把该场景的灯光打开。

5. 声音开关

选中后,就可以听到该场景的声音和音效。

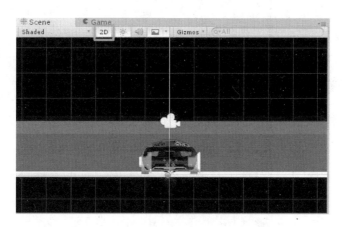

图 2-15 设置为 2D 显示 Scene(场景)窗口

6. 显示 Layer 阶层

选中后,就可以指定哪些 Layer 阶层要显示在场景上。

7. Gizmos 小玩意儿设置

选中后,就可以为其他细部的场景设置选项。

2.6 Toolbar(工具栏)

Toolbar(工具栏)包括五个基本控制。每一个基本控制涉及编辑器的不同部分,如图 2-16 所示。

图 2-16 Toolbar(工具栏)

由左到右的功能分别是:

(1) 移动、旋转、尺寸——用于调整场景中的游戏对象。

(2) Pivot(枢轴)/Center(中心)——影响对象的中心点。

(3) Local(此对象为主)/ Global(世界观为主)。

(4) 播放/暂停/单步按钮——用于运行暂停游戏。

(5) Layer 图层显示——在场景视图显示的控制。

(6) 窗口样式——可参看 2.1 节。

通过工具栏可以移动、旋转或放大、缩小对象,如图 2-17 所示。其中有五个按钮,分别是选择、移动、旋转、缩放和尺寸。

效果如图 2-18 所示。

用户可以通过以下方法来改变场景窗口。

图 2-17 移动、旋转和
尺寸工具

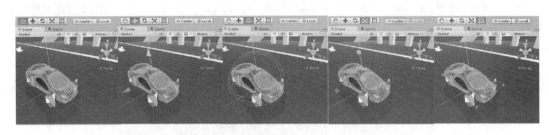

图 2-18　使用移动、旋转、尺寸工具效果

单击拖动周围的相机,如图 2-19 所示。

按住 Alt 键并单击拖动,去旋转场景的角度,如图 2-20 所示。

按住鼠标中间键并单击拖动,去缩放场景,如图 2-21 所示。

播放/暂停/一次运行一步功能用于运行、暂停游戏,在第 1 章介绍过,详细可参看 1.2.4 节。

Layers(图层)显示是对场景视图显示的控制,用于决定哪个图层的对象要显示,如图 2-22 所示。可以通过该图层的眼睛开关来决定是否要显示在 Scene(场景中)。

图 2-19　移动场景

图 2-20　旋转场景

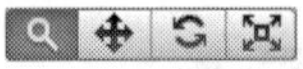

图 2-21　调整场景远近距离

图 2-22　Layers(图层)显示

2.7　Unity Asset Store 游戏线上商店街

现在每一个平台上面都会有自己专用的游戏商店,Unity 也有类似的联机商店——Unity Asset Store,如图 2-23 所示。当你没有建筑物的模型,不知道如何撰写人工智慧,不会作曲时,没关系,这都不需要自己做,你只要到 Unity 的 Asset Store 上找一找,就可以发现有许多好的游戏素材,Asset Store 绝对是你开发 Unity 游戏的好帮手。Unity Asset Store 中有很多好东西,你可以用一些免费的东西来练习。之后的章节,会特地介绍一些笔者觉得不错的并且购买或使用过的东西,你可以了解看看。如果想要尝试,可以看一下该商品之前的评价和给分,再决定是否值得购买。

功能不止于此,如果想要赚些收入,也可以把你的东西上传到 Asset Store 去售卖。如图 2-24 所示,通过菜单 Window|Asset Store 就可以进入 Asset Store。

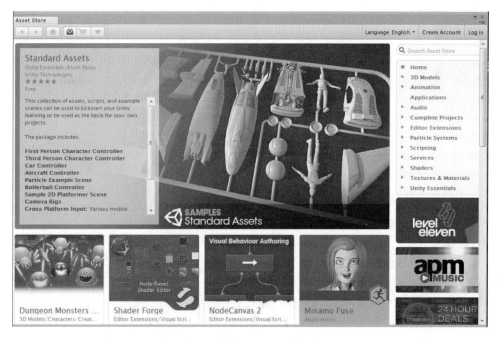

图 2-23　Unity Asset Store 游戏线上商店街

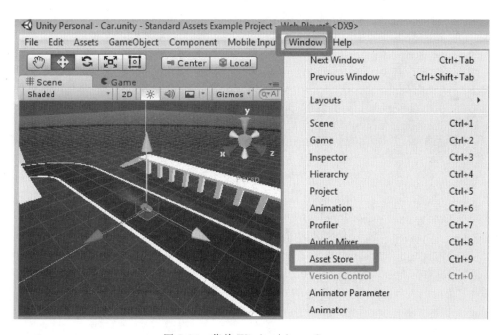

图 2-24　菜单 Window|Asset Store

教学视频：

本章的介绍可以参考教学视频 unity3d-5-2-tools。

本章习题

1. 问答题

(1) 在 Unity Asset Store 可以购买什么？

    A. Unity 样例程序   B. 3D 模型

    C. 音乐   D. 以上皆是

(2) Hierarchy(层次)窗口的功能是什么？

    A. 显示游戏中的对象   B. 显示属性

    C. 购买游戏对象   D. 以上皆是

(3) Inspector(检查员)窗口的功能是什么？

2. 实作题

(1) 依照本书的设置熟悉 Unity 开发环境。

(2) 把图片加入 Unity 的 Project(项目)窗口。

(3) 在 Unity 的 Scene(场景)窗口中移动、旋转、缩放游戏对象。

第 3 章　我的第一个 Unity APP

（GameObject）

为了熟悉 Unity，本章使用一步一步的方法让你了解一个简单的 Unity 游戏场景是怎么设计出来的。本章要完成的游戏对象效果如图 3-0 所示。

图 3-0　本章的目标完成图

3.1　游戏主菜单——创建项目

现在一步一步地介绍如何用 Unity 创建一个游戏主菜单。在本节中将会学会以下技巧：

（1）3D 对象的排列。

（2）纹理图片的添加。

（3）纹理属性的设置。

（4）纹理尺寸的设置。

STEP1：打开 Unity 工具

先把 Unity 打开，不管用 Windows 还是 Mac 过程都一样。若为 Windows，则选择 Start|All Programs|Unity|Unity，如图 3-1 所示。

如果使用苹果计算机 Mac，则把 finder 文件目录打开，运行 Applications|Unity|Unity，如图 3-2 所示。

图 3-1　打开 Unity 工具

图 3-2　在 Mac 中打开 Unity 工具

STEP2：创建一个新的项目

进入 Unity 5 之后，单击 New Project 按钮，如图 3-3 所示。

图 3-3　单击 New Project 按钮

或者是在 Unity 5 菜单中，选择 File | New Project 命令，如图 3-4 所示，用来创建一个新的作品。

STEP3：设置项目

在图 3-5 所示的对话框中设置：

（1）项目名称，在此笔者是用 MyGame。

（2）选择要存储路径。

（3）这个项目是 2D 还是 3D 游戏，在此设置为 3D 游戏。

（4）单击 Create Project 按钮用来创建项目。

完成后，就会进入 Unity 的工作窗口。

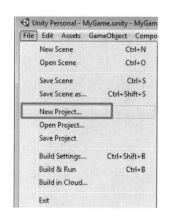

图 3-4　选择 File|New Project 命令

STEP4：在 Project 中创建文件夹

如图 3-6 所示，加上一个文件夹，用来准备等一下游戏主画面的图片，可依照以下步骤设置：

（1）在 Project|Assets 的空白处右击。

（2）在弹出的快捷菜单中选择 Create|Folder 命令，就可以创建一个文件夹。

（3）将文件夹命名为 image。

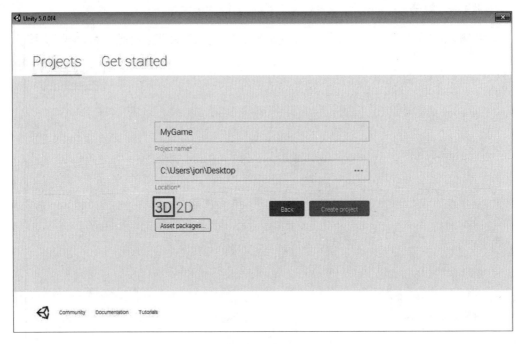

图 3-5　设置项目

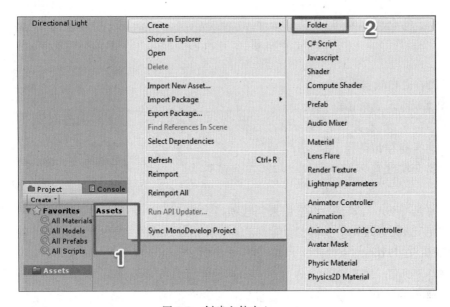

图 3-6　创建文件夹 image

3.2　游戏主菜单——显示后台图片

STEP5：添加图片到项目中

打开文件目录，把事先准备好的图片全部选中。如果没有设计的游戏主菜单的图片，可以使用光盘 SampleCode\Ch3\pic 里面的图片。

使用鼠标拖拉的方法，把图片拖到刚刚创建的文件夹内，如图 3-7 所示。

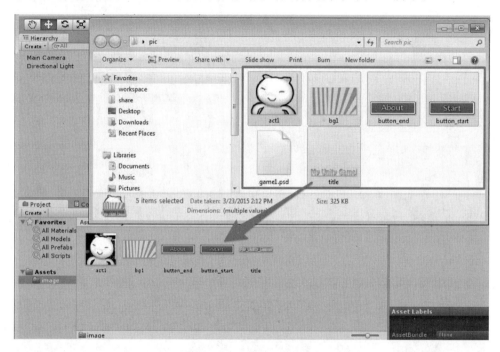

图 3-7　添加图片到项目中

Unity 5.1 版当前图片的纹理支持 PNG、JPG/JPEG、GIF、BMP、PSD。

STEP6：加上平面到游戏中

在菜单中选择 GameObject|3D Object|Plane 命令加上一个平面，如图 3-8 所示，用来摆放游戏主菜单的后台图片。

STEP7：设置平面

如图 3-9 所示，便会出现一个平面在 Scene(场景)窗口中，在 Hierarchy(层次)窗口中选择这个平面。

然后，在 Inspector 窗口中把名称和数值调整一下：

(1) Position X,Y,Z：是调整该对象的 X,Y,Z 的位置。

(2) Rotation X,Y,Z：是调整该对象的 X,Y,Z 的旋转角度。

(3) Scale X,Y,Z：是调整该对象的 X,Y,Z 的大小。

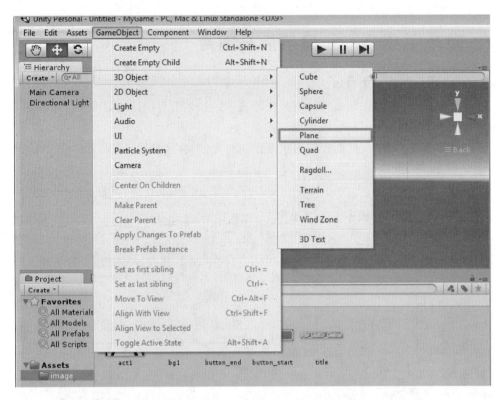

图 3-8　选择 GameObject|3D Object|Plane 命令加上一个平面

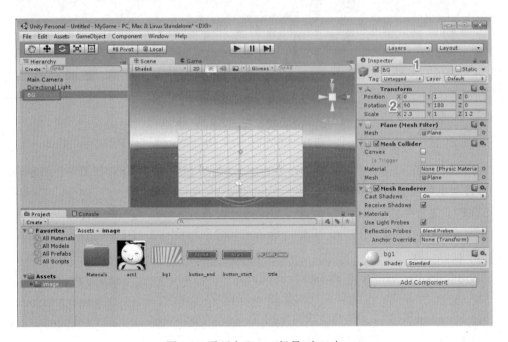

图 3-9　平面在 Scene(场景)窗口中

可把名称和数值调整成图 3-10 所示。

此时就会发现后台图片摆放的位置、尺寸有所改变。

STEP8：添加纹理图片

如图 3-11 所示，添加纹理图片到平面上，可通过以下
步骤完成：

（1）拖拉图片 bg1 到 BG 平面的 Inspector 窗口下方。

（2）操作完成后，原本白色的平面就会把图片当成纹
理显示。

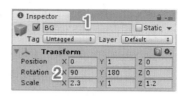

图 3-10　调整后的平面的数值
　　　　　和名称

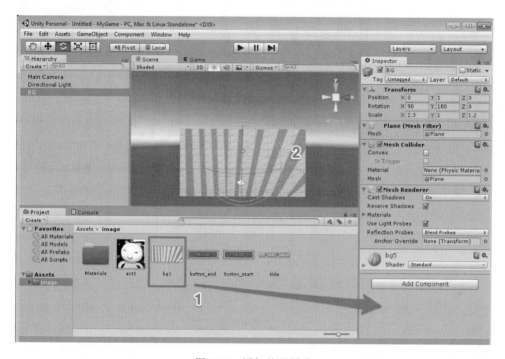

图 3-11　添加纹理图片

3.3　游戏主菜单——显示游戏名称

STEP9：加上一个平面到游戏中并对其进行设置

再添加一个平面在游戏场景中，可选择 GameObject|3D Object|Plane 命令，如图 3-12
所示。

把平面的位置调整到合适的位置，用它来摆放游戏名称。比较特别的是 Z 的部分调整
为 −0.01，以避免和 BG 后台放在同一个 0 的位置，所以与摄影机靠得近一些，如图 3-13
所示。

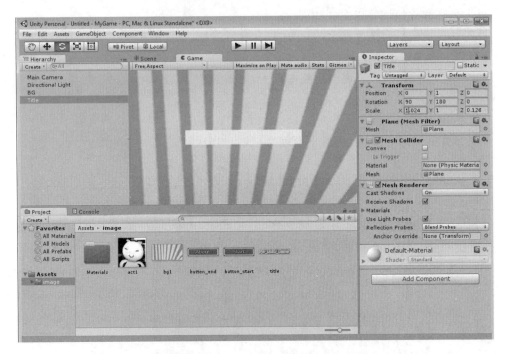

图 3-12　选择 GameObject|3D Object|Plane 命令

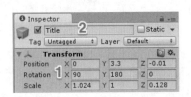

图 3-13　调整平面后的数值

STEP10：添加纹理图片

如图 3-14 所示，添加纹理图片到平面上，可通过以下步骤完成：

（1）拖拉图片 title 到 Title 平面的 Inspector 窗口下方。

（2）操作完成后，原本白色的平面就会把图片当成纹理显示。

这时游戏窗口的画面如图 3-15 所示，用户可以通过选择 Game 或"运行游戏"来看一下现在游戏的效果。

STEP11：纹理去背

这个纹理看起来有些怪怪的，原因是使用了 PNG 的图片，游戏名称后面部分的图片是镂空透明的，可依照以下步骤调整：

（1）选中 Title 平面的 Inspector 窗口中的图片旁边的三角形，做展开的动作。

（2）修改 Rendering Mode（显示模式）为 Cutout（修剪）。

这样就可以达到纹理去背的效果，如图 3-16 所示。

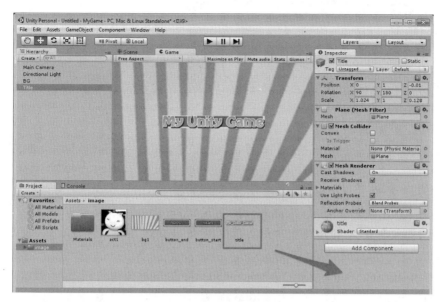

图 3-14　添加纹理图片

图 3-15　游戏现在的情况

图 3-16　纹理去背

3.4 游戏主菜单——添加按钮

接下来添加两个按钮，以便将来处理按钮的选择。请延续上一节继续以下的步骤来设计游戏的主菜单。

STEP12：添加 Start 按钮

添加第一个按钮——Start 按钮。同样地，如 STEP9 添加一个平面对象，并调整为图 3-17 所示。

（1）调整名称为 Button_Start 平面，并设置 Position（位置）为 0，0.46，−0.01；Rotation（旋转）为 90，−180，0；Scale（尺寸）为 0.512，1，0.126。

（2）添加纹理图片到该平面上，并拖拉图片 button_start 到 Button_Start 平面的 Inspector 窗口下方，此时会显示纹理图。

（3）选中 Button_Start 平面的 Inspector 窗口中的图片旁边的三角形，做展开的动作，修改 Rendering Mode（显示模式）为 Cutout（修剪）。

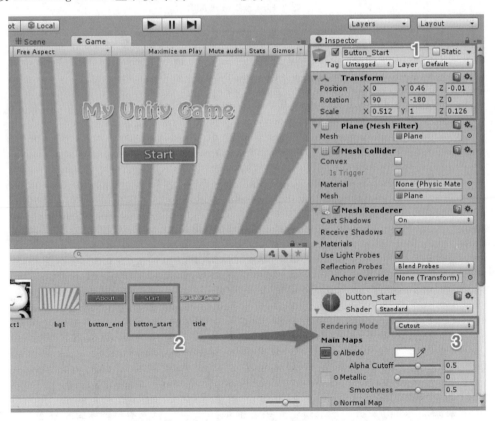

图 3-17　添加 Start 按钮

STEP13：添加 About 按钮

同上一步骤，再添加另外一个按钮——About 按钮。同样地，如 STEP9 添加一个平面对象，并调整为图 3-18 所示。

（1）调整名称为 Button_End 平面，并设置 Position（位置）为 0，−1.14，−0.01；Rotation（旋转）为 90，−180，0；Scale（尺寸）为 0.512，1，0.126。

（2）添加纹理图片到该平面上，并拖拉图片 button_end 到 Button_End 平面的 Inspector 窗口下方，此时会显示纹理图。

（3）选中 Button_End 平面的 Inspector 窗口中的图片旁边的三角形，做展开的动作，修改 Rendering Mode（显示模式）为 Cutout（修剪）。

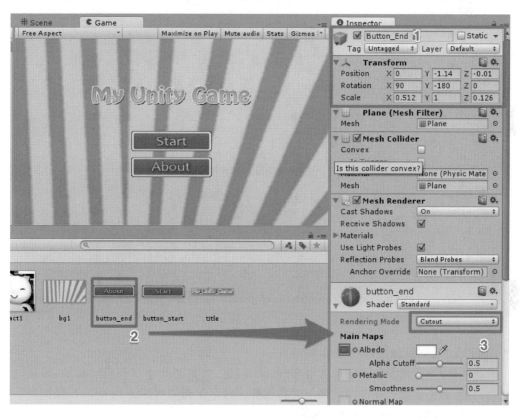

图 3-18 添加 About 按钮

3.5 游戏主菜单——添加主角

接下来添加一个主角的图片，用来介绍如何显示主角。请延续上一节继续以下的步骤来设计游戏的主菜单。

STEP14：添加主角

同步骤9，再添加一个平面用以摆放主角，并调整为图3-19所示。

（1）调整名称为act1平面，并设置Position（位置）为4.72，-2.26，-0.01；Rotation（旋转）为90，-180，0；Scale（尺寸）为0.512，1，0.512。

（2）添加纹理图片到该平面上，并拖拉图片act1到act1平面的Inspector窗口下方，此时会显示纹理图。

（3）选中act1平面的Inspector窗口中的图片旁边的三角形，做展开的动作，修改Rendering Mode（显示模式）为Cutout（修剪）。

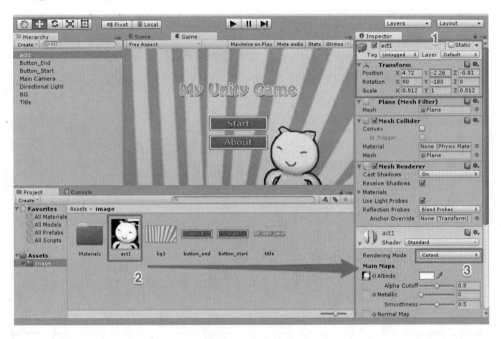

图3-19　添加主角

STEP15：设置纹理压缩和尺寸

在这里，对画面要求较高的读者会发现一个问题，就是游戏中的画面的画质，好像图片都是模糊的，并不像当初在绘图软件上看得那样清晰。下面依照图3-20所示步骤调整一下每一张图片的压缩比例和纹理图片的尺寸：

（1）选中图片。

（2）在Inspector窗口中就会出现图片的属性，调整Max Size（图片最大的比例）为清一色突变的，实际尺寸稍微设置一个比较大的。若是为小朋友设计的，则不选择256。对于Format，系统默认值Compressed是有压缩的，将其调整为合适的影像格式。如果可能，可选择Truecolor 32 bits的全彩图片。

（3）单击Apply按钮。

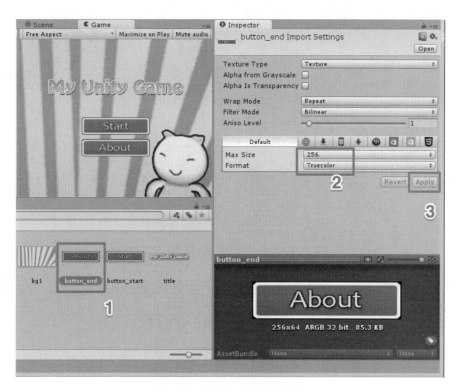

图 3-20　设置纹理压缩和尺寸

3.6　游戏主菜单——存储游戏场景

STEP16：存储游戏场景

至此这个游戏主菜单的画面处理已基本完成，这里介绍如何修改和存储游戏场景。选择 File|Save Scene 命令，如图 3-21 所示，并且在弹出的对话框中输入文件名称，这里使用 MyGame 为文件名，完成之后单击 Save 按钮，就可以完成存储的动作，如图 3-22 所示。

STEP17：运行游戏

若想运行游戏，单击画面中的 Play 按钮，就会开始新游戏，如图 3-23 所示。

如果要让游戏结束，再单击一次 Play 按钮即可。本样例可以通过在光盘中选择 Sample\ch03\MyGame\Assets\MyGame. unity 运行程序。运行结果如图 3-24 所示。

教学视频：

为了避免大家在刚上手的时候碰到问题，在这里特意把

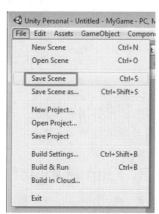

图 3-21　存储游戏场景

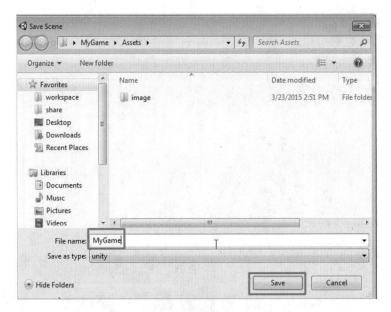

图 3-22　设置存储游戏场景的文件名称

图 3-23　单击 Play 按钮开始新游戏

图 3-24　运行结果

本节中的内容用影片教学,通过录制的整个过程,方便了解本节的内容。读者可以观看光盘中的教学视频 unity_3-1 。

3.7　GameObject(游戏对象)

在我的第一个 Unity APP 中,通过 GameObject 对象来组成游戏的主菜单。在当时的步骤中利用 GameObject 菜单(如图 3-25 所示)选取一个平面用来增添菜单项。接下来介绍几个常用的游戏对象,这是 Unity 的基本概念。所有游戏中的对象都是通过 GameObject 菜单来完成的,所以它非常重要,而每一个游戏对象都可以在下拉菜单 GameObject 中看到。本节将介绍几个常使用的对象。

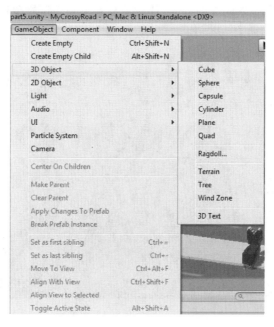

图 3-25　GameObject 菜单

3.7.1　Camera(摄影机)

玩家看到的画面实际上是通过 Main Camera 所看到的画面来呈现的,只要将摄影机调整到合适位置,就会让游戏呈现不同的表现效果,如图 3-26 所示。

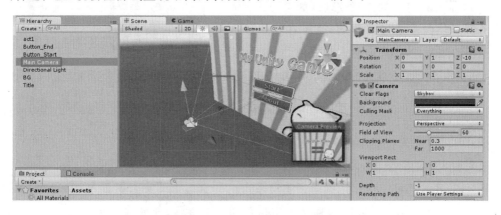

图 3-26　设置 Camera(摄影机)的 Inspector 属性

3.7.2　Directional Light(太阳光)

在这个游戏中,通过 Hierarchy(层次)窗口可以看到 Directional Light(太阳光)游戏对象,这是设置游戏中使用有方向性的阳光,让对象显示出来。该对象通常都是用以设置环境中的太阳光,如图 3-27 所示。

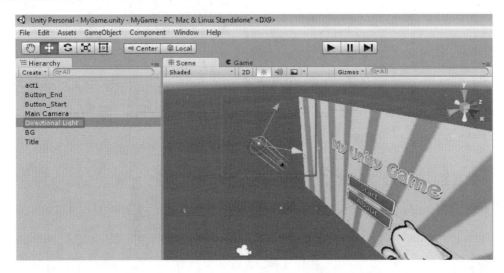

图 3-27　Directional Light(太阳光)对象所呈现画面

常用属性如图 3-28 所示。

(1) Type:灯光的种类。

(2) Color:灯光的颜色。

(3) Intensity:灯光的强弱调整。

(4) Cookie:灯光的遮照纹理。如果想达到太阳光从窗户外面透射过来的效果,可在这里放上窗户造型的纹理,就会产生出家的效果。

(5) Cookie Size:灯光的遮照纹理的尺寸。

(6) Shadow Type:影子的效果。

(7) Draw Halo:晕影的效果。

(8) Flare:亮光。简单地说就是产生类似将摄影机对着太阳的时呈现的晕影效果。

(9) Render Mode:可以选择是否主动采光。

(10) Culling Mask:可以选择产生效果的游戏对象。

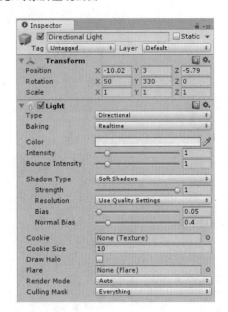

图 3-28　设置 Directional Light(太阳光)
对象的 Inspector 属性

3.7.3　Point Light(光点)

与 Directional Light(太阳光)游戏对象非常类似的是 Point Light(光点),大多都是用在火把、火炬、爆炸的灯光效果。Point Light(光点)的效果就是一个小范围的灯光,很适合制作局部的小灯光、火把等效果,如图 3-29 所示。

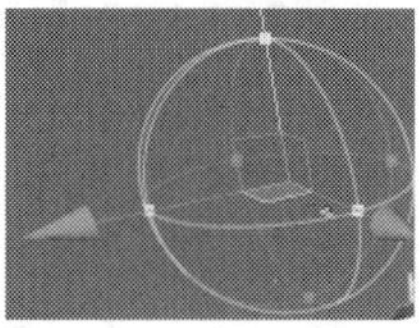

常用属性如图 3-30 所示。

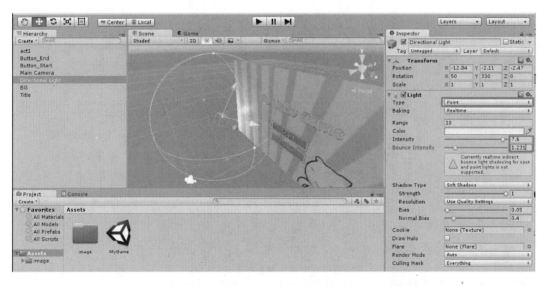

图 3-29　Point Light(光点)
对象所呈现画面

(1) Type:灯光的种类。

(2) Range:灯光的范围。

(3) Color:灯光的颜色。

(4) Intensity:灯光的强弱调整。

(5) Cookie:灯光的遮罩材质。如果想达到太阳光从窗户里面照射下来的效果,可在这里放上窗户造型的材质,就会产生出家的效果。

(6) Cookie Size:灯光的遮罩材质的大小。

(7) Shadow Type:影子的效果。

(8) Draw Halo:光晕的效果。

(9) Flare:亮光。简单地说就是会产生类似将摄影机对着太阳时呈现的光晕效果。

(10) Render Mode:可以选择是否会主动采光。

(11) Culling Mask:可以选取产生效果的游戏对象。

(12) Lightmapping:光照贴图。

图 3-30　设置 Point Light(光点)对象的 Inspector 属性

3.7.4 Spot Light(聚光灯)

Spot Light(聚光灯)就是产生一个聚光灯的效果,如图 3-31 所示,通常都是用于书桌上的灯光或舞台上的投射灯光。

Spot Light(聚光灯)就是产生一个小范围的灯光,很适合制作局部的聚光灯或者角色中的影子效果。

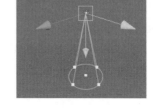

图 3-31   Spot Light(聚光灯)
对象所呈现画面

常用属性如图 3-32 所示。

(1) Type:灯光的种类。

(2) Range:灯光的范围。

(3) Spot Angle:聚光灯的角度。

(4) Color:灯光的颜色。

(5) Intensity:灯光的强弱调整。

(6) Cookie:灯光的遮罩材质。如果想达到太阳光从窗户里面照射下来的效果,可在这里放上窗户造型的材质,就会产生出家的效果。

(7) Cookie Size:灯光的遮罩材质的大小。

(8) Shadow Type:影子的效果。

(9) Draw Halo:光晕的效果。

(10) Flare:亮光。简单地说就是会产生类似将摄影机对着太阳时呈现的光晕效果。

(11) Render Mode:可以选择是否会主动采光。

(12) Culling Mask:可以选取产生效果的游戏对象。

(13) Lightmapping:光照贴图。

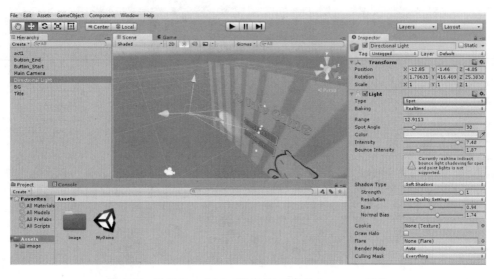

图 3-32   设置 Spot Light(聚光灯)对象的 Inspector 属性

3.7.5　Area Light(区域型灯光)

Area Light(区域型灯光)是一个本地的放射性的灯光,大多是用在房间内的日光灯或是房间里的主要灯光,如图 3-33 所示。

常用属性如图 3-34 所示。

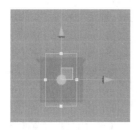

图 3-33　Area Light(区域型灯光)
对象所呈现画面

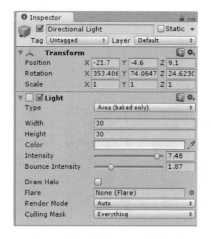

图 3-34　设置 Area Light(区域型灯光)
对象的 Inspector 属性

(1) Type:灯光的种类。

(2) Intensity:灯光的强弱调整。

(3) Width:灯光的宽。

(4) Height:灯光的高。

(5) Color:灯光的颜色。

3.7.6　Cube(方块)

在我的第一个 Unity APP 中,通过 Plane(平面)对象来组成游戏的主菜单,与此类似的还有 Cube(方块)对象,如图 3-35 所示,它是一个正方形的对象。

常用属性如图 3-36 所示。

1. Transform(转换)

(1) Position X,Y,Z:对象位置。

(2) Rotation X,Y,Z:对象旋转角度。

(3) Scale X,Y,Z:对象缩放。

2. Mesh Filter(网状模型)

选择外观的样子。

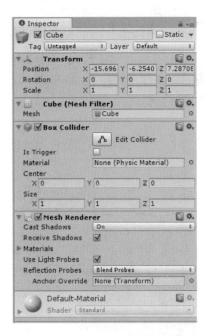

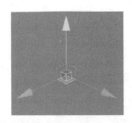

图 3-35　Cube(方块)对象所呈现画面

图 3-36　设置 Cube(方块)对象的
Inspector 属性

3. Box Collider(正方形的碰撞)

(1) Is Trigger：碰撞到此对象是否会产生 Trigger(触发)事件。有 OnTriggerEnter、OnTriggerStay、OnTriggerExit 三个选项。

(2) Material：材质。

(3) Center X,Y,Z：碰撞的外框的中心点的位置。

(4) Size X,Y,Z：碰撞的外框的大小。调整为 1.5 后的样子如图 3-37 所示。

4. Mesh Renderer(网状渲染)

(1) Cast Shadows：投射阴影。

(2) Receive Shadows：接收可以显示其他对象的阴影。

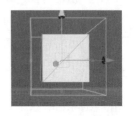

图 3-37　Cube(方块)对象的
碰撞外框大小调整
为 1.5 后的样子

(3) Materials：材质。

(4) Size：网状渲染材质的数量。

(5) Element：网状渲染材质图。

(6) Use Light Probes：使用光探头。

5. Default-Diffuse(材质)

(1) Shader：材质图的贴图运算方法。

(2) Main Color：材质主要的颜色。

（3）Tiling：材质显示的重复数量。

（4）Offset：材质图位移。

3.7.7　Sphere(球体)

Sphere 是一个球体对象,如图 3-38 所示。

常用属性如图 3-39 所示。

图 3-38　Sphere(球体)对象
所呈现画面

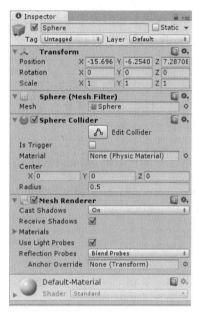

图 3-39　设置 Sphere(球体)对象的
Inspector 属性

1. Transform(转换)

（1）Position X,Y,Z：对象位置。

（2）Rotation X,Y,Z：对象旋转角度。

（3）Scale X,Y,Z：对象缩放。

2. Mesh Filter(网状模型)

选择外观的样子。

3. Sphere Collider(球体的碰撞)

（1）Is Trigger：碰撞到此对象是否会产生 Trigger(触发)事件。

（2）Material：材质。

（3）Center X,Y,Z：碰撞的轮廓的中心点的位置。

（4）Radius：碰撞的轮廓的半径。碰撞轮廓调整为 1.5 后的样子如图 3-40 所示。

4. Mesh Renderer（网状渲染）

（1）Cast Shadows：投射阴影。

（2）Receive Shadows：接收可以显示其他对象的阴影。

（3）Materials：材质。

（4）Size：网状渲染材质的数量。

（5）Element：网状渲染材质图。

（6）Use Light Probes：使用光探头。

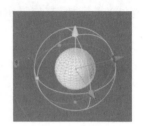

图 3-40　Sphere（球体）对象的
　　　　碰撞轮廓尺寸调整
　　　　为 1.5 后的样子

5. Default-Diffuse 纹理

（1）Shader：材质图的贴图运算方法。

（2）Main Color：材质主要的颜色。

（3）Tiling：材质显示的重复数量。

（4）Offset：材质图位移。

3.7.8　Capsule（球柱体）

Capsule 是一个球柱体对象，如图 3-41 所示。

常用属性如图 3-42 所示。

图 3-41　Capsule（球柱体）对象
　　　　所呈现画面

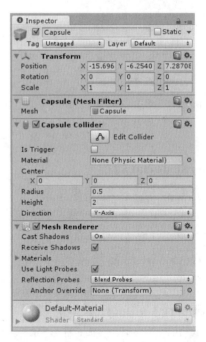

图 3-42　设置 Capsule（球柱体）对象的
　　　　Inspector 属性

1. Transform(转换)

（1）Position X,Y,Z：对象位置。

（2）Rotation X,Y,Z：对象旋转角度。

（3）Scale X,Y,Z：对象缩放。

2. Mesh Filter(网状模型)

选择外观的样子。

3. Capsule Collider(球柱体的碰撞)

（1）Is Trigger：碰撞到此对象是否会产生 Trigger(触发)事件。

（2）Material：材质。

（3）Center X,Y,Z：碰撞的轮廓的中心点的位置。

（4）Radius：碰撞的轮廓的半径。调整为 1.5 后的样子如图 3-43 所示。

（5）Height：碰撞的轮廓的高度。

（6）Direction：碰撞的轮廓的方向。

4. Mesh Renderer(网状渲染)

（1）Cast Shadows：投射阴影。

（2）Receive Shadows：接收可以显示其他对象的阴影。

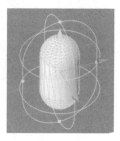

图 3-43　Capsule(球柱体)对象的碰撞外框大小调整为 1.5 后的样子

（3）Materials：材质。

（4）Size：网状渲染材质的数量。

（5）Element：网状渲染材质图。

（6）Use Light Probes：使用光探头。

5. Default-Diffuse 材质

（1）Shader：材质图的贴图运算方法。

（2）Main Color：材质主要的颜色。

（3）Tiling：材质显示的重复数量。

（4）Offset：材质图位移。

3.7.9　Cylinder(圆柱体)

Cylinder 是一个圆柱体对象,可以用在圆柱形的物体上,如图 3-44 所示。

常用属性如图 3-45 所示。

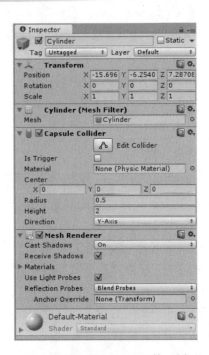

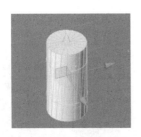

图 3-44　Cylinder(圆柱体)对象
所呈现画面

图 3-45　设置 Cylinder(圆柱体)对象的
Inspector 属性

1．Transform(转换)

(1) Position X,Y,Z：对象位置。

(2) Rotation X,Y,Z：对象旋转角度。

(3) Scale X,Y,Z：对象缩放。

2．Mesh Filter(网状模型)

选择外观的样子。

3．Cylinder Collider(圆柱体的碰撞)

(1) Is Trigger：碰撞到此对象是否会产生 Trigger
(触发)事件。

(2) Material：材质。

(3) Center X,Y,Z：碰撞的轮廓的中心点的位置。

(4) Radius：碰撞的轮廓的半径。调整为 1.5 后的
样子如图 3-46 所示。

(5) Height：碰撞的轮廓的高度。

(6) Direction：碰撞的轮廓的方向。

图 3-46　Cylinder(圆柱体)对象的
碰撞轮廓 Radius(半径)
调整为 1 和 Height 调整
后的样子

4. Mesh Renderer(网状渲染)

(1) Cast Shadows：投射阴影。

(2) Receive Shadows：接收可以显示其他对象的阴影。

(3) Materials：材质。

(4) Size：网状渲染材质的数量。

(5) Element：网状渲染材质图。

(6) Use Light Probes：使用光探头。

5. Default-Diffuse 材质

(1) Shader：材质图的贴图运算方法。

(2) Main Color：材质主要的颜色。

(3) Tiling：材质显示的重复数量。

(4) Offset：材质图位移。

3.7.10 Plane(平面)

Plane 是一个平面对象,大多用在地板、墙壁等平面物体上。在我的第一个 Unity APP 中,通过 Plane(平面)对象组成了游戏的主菜单,如图 3-47 所示。

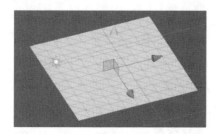

图 3-47 Plane(平面)对象所呈现画面

常用属性如图 3-48 所示。

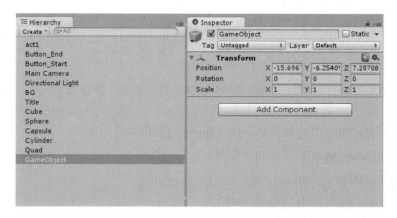

图 3-48 设置 Plane(平面)对象的 Inspector 属性

Transform(转换)：

(1) Position X，Y，Z：对象位置。

(2) Rotation X，Y，Z：对象旋转角度。

(3) Scale X，Y，Z：对象缩放。

Mesh Filter 网状模型

Mesh 碰撞

(1) Is Trigger：碰撞到此对象是否会产生 Trigger 触发事件。

(2) OnTriggerEnter、OnTriggerStay、OnTriggerExit。

(3) Material：材质。

(4) Convex：凸出来。

(5) Smooth Sphere Collision：光滑的球体碰撞。

(6) Mesh：网状。

Mesh Renderer 网状渲染。

(1) Cast Shadows：投射阴影。

(2) Receive Shadows：接收和可以显示其他对象的阴影。

(3) Materials。

(4) Size：网状渲染纹理的数量。

(5) Element：网状渲染纹理图。

(6) Use Light Probes：使用光探头。

Default-Diffuse 材质：

(1) Shader：材质图的贴图运算方法。

(2) Main Color：材质主要的颜色。

(3) Tiling：材质显示的重复数量。

(4) Offset：材质图位移。

3.7.11 Quad(四角形)

Quad(四角形)类似于 Plane(平面)对象，但其边缘是只有一个点长，且表面坐标在空间中的 XY 平面上。此外，Quad(四角形)只有两个三角形，而 Plane(平面)里面有近 200 个三角形，如图 3-49 所示。

使用 Quad(四角形)时在一个场景中的对象必须简单，它可以作为一个图像或影片显示。

Quad(四角形)对象的效果就是一个平面，它的常用属性如图 3-50 所示。

1. Transform(转换)

(1) Position X，Y，Z：对象位置。

(2) Ratation X，Y，Z：对象旋转角度。

(3) Scale X，Y，Z：对象缩放。

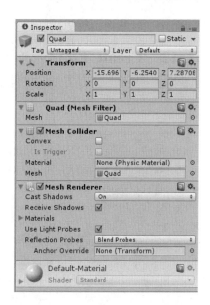

图 3-49　Quad(四角形)对象
所呈现画面

图 3-50　设置 Quad(四角形)对象的
Inspector 属性

2. Mesh Filter(网状模型)

设置外观的样子。

3. Mesh Collider(网状碰撞)

(1) Is Trigger：碰撞到此对象是否会产生 Trigger(触发)事件。

(2) Material：材质。

(3) Convex：凸出来，如图 3-51 所示。

(4) Smooth Sphere Collision：光滑的球体碰撞。

(5) Mesh：网状。

4. Mesh Renderer(网状渲染)

(1) Cast Shadows：投射阴影。

(2) Receive Shadows：接收可以显示其他对象的
阴影。

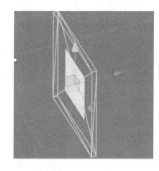

(3) Materials：材质。

(4) Use Light Probes：使用光探头。

图 3-51　Quad(四角形)对象调整
Convex(凸出来)后的样子

5. Default-Diffuse 材质

(1) Shader：材质图的贴图运算方法。

(2) Main Color：材质主要的颜色。

(3) Tiling：材质显示的重复数量。

（4）Offset：材质图位移。

3.7.12　Create Empty（空白的游戏对象）

Create Empty 是一个空白的游戏对象，可以定义该空白对象的位置、角度与尺寸，其具有群组的观念，如图 3-52 所示。

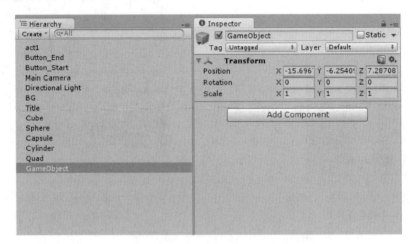

图 3-52　Create Empty（空白的 GameObject 游戏对象）

Transform（转换）：

（1）Position X,Y,Z：对象的位置。

（2）Rotation X,Y,Z：对象的旋转角度。

（3）Scale X,Y,Z：对象缩放。

另外，Create Empty 空白的游戏对象中拥有子目录的概念。在 Hierarchy 窗口中，用鼠标拖拉的方法把对象拉到这上面，就成为一个群组。

如果要撤销，也是用鼠标拖拉的方法，拉到其他地方可以解除群组的概念，如图 3-53 所示。

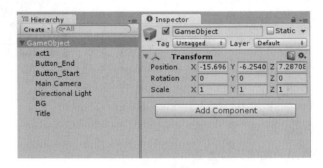

图 3-53　GameObject 游戏对象子目录的概念且可以成为一个群组

本章习题

1. 问答题

（1）添加一个平面时，选择 GameObject | 3D Object 中的什么命令？

    A．Plane   B．Cube   C．Sphere   D．Tree

（2）Unity 3D 支持哪些图片纹理格式？

    A．JPG   B．BMP   C．GIF   D．以上皆是

（3）在步骤 STEP15 中所提到的 Max Size 和 Format 的用途是什么？

2. 实作题

（1）为本样例添加其他的按钮和图片，以增加游戏主画面的效果。

（2）依照本章的教学，设计出您的游戏主画面。

（3）依照本章的教学，通过 GameObject 对象来组成游戏的主菜单，并尝试添加不同的灯光、正方形和球体的游戏对象。

第4章 贴图纹理

（项目：灌篮高手游戏）

本章介绍如何在 Unity 中设计 3D 游戏,完成后的效果如图 4-0 所示。

图 4-0　本章的目标完成图

4.1　设置 3D 模型和模型材质

本章介绍如何在 Unity 中设计 3D 游戏,并且以夜市中的游乐场必备的机型——投篮机为范本,介绍如何在 Unity 中实现和完成。

先分析投篮机灌篮高手这个游戏的玩法和设计。本章通过一个上下移动的力量表调整力量尺寸,并把篮球投出去,计算用户投中次数。

该游戏需要用到的对象和用户应学习的技巧分别是:

(1) 3D 圆球——篮球。

(2) 3D 模型处理——篮筐。

(3) UI 用户界面的显示表——显示分数和力量表。

（4）碰撞处理。

（5）Unity 的程序——处理分数和力量表的变化。

（6）计分。

完整的程序可以在 sample\ch4\basketballGame 中取得,用户可以先看看,在后面的步骤中会用到相关的一些 3D 模型。

STEP1:创建一个新的项目

参照 3.1 节,如图 4-1 所示,创建一个全新的项目。

（1）将项目命名为 basketballGame,并选择项目要存储的位置。

（2）设置为 3D 游戏。

（3）单击 Create project 按钮。

图 4-1　创建一个新的项目

STEP2:放入 3D 模型

如图 4-2 所示。

（1）在 Project 项目的 Assets 中添加一个文件夹,取名为 models,用来准备放游戏的 3D 模型。可依照以下步骤设置:在 Project\Assets 的空白处右击,在弹出的快捷菜单中选择 Create|Folder 命令,就可以创建出一个文件夹,将其命名为 models。

（2）用鼠标拖拉的方法把 3D 模型文件拉到 Assets\models 下,这样就可以把文件复制到项目路径下,如图 4-2 所示。

① hoop.obj:篮筐 3D 模型。

② basketball.FBX:篮球 3D 模型。

③ bg.jpg：后台图片。

④ basketball-texture.jpg：篮球图片。

（3）系统会自动产生 Materials（材质）库。

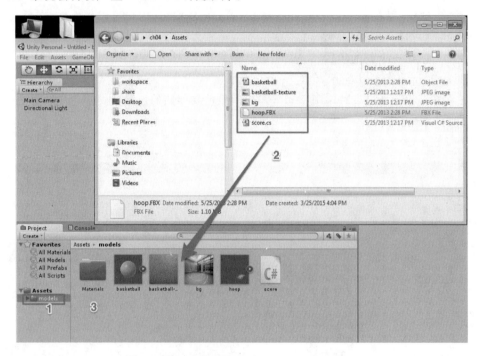

图 4-2　把 3D 模型等放到 Assets\models 路径

STEP3：设定篮筐 3D 模型文件

如图 4-3 所示。

（1）把项目中的 hoop.obj（篮筐 3D 模型）文件拖放到 Hierarchy（层次）窗口中。

（2）尽量通过 Toolbar（工具栏）在 Unity 上面自行调整对象的尺寸、旋转等动作，如果不熟悉，可以参考 2.1 节。

STEP4：调整 hoop 篮筐 3D 模型文件位置和尺寸

把模型 hoop 篮筐 3D 模型文件在 Inspector 窗口中的属性等调整为如图 4-4 所示。

（1）Position（位置）为 0，3.45，0。

（2）Rotation（旋转）为 270，180，0。

（3）Scale（尺寸）为 0.01，0.01，0.01。

STEP5：加入 basketball 篮球 3D 模型并设置其位置和尺寸

同样地，把 basketball.FBX（篮球 3D 模型）也加入游戏场景中。

（1）把项目中的 basketball.FBX（篮球 3D 模型）文件拖放到 Hierarchy（层次）窗口中。

（2）把模型 basketball 篮球 3D 模型文件在 Inspector 窗口中的属性等调整为如图 4-5 所示。

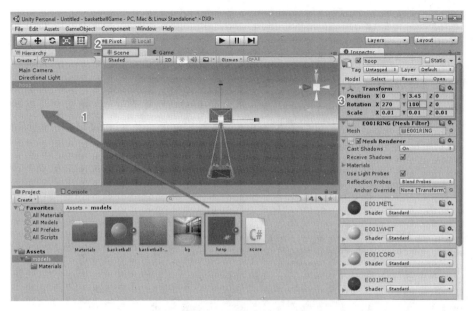

图 4-3　把 hoop. obj 放入 Sence(场景)中

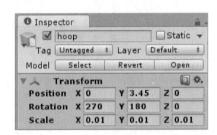

图 4-4　调整 hoop 在 Sence(场景)中的位置和尺寸

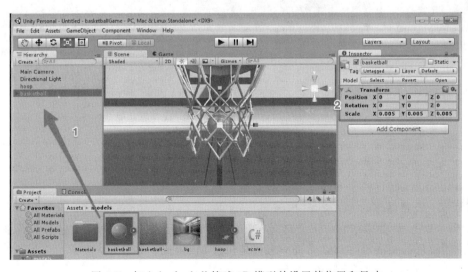

图 4-5　加入 basketball 篮球 3D 模型并设置其位置和尺寸

① Position(位置)为 0，0，0。

② Rotation(旋转)为 0，0，0。

③ Scale(尺寸)为 0.005，0.005，0.005。

STEP6：设置纹理压缩和尺寸

如图 4-6 所示，因为篮球当前是白色的，意思是 basketball 篮球 3D 模型并没有纹理，所以依照以下步骤，调整一下 basketball-texture.jpg 图片的压缩比例和纹理图片的尺寸：

(1) 选中 basketball-texture.jpg 图片。

(2) 这时在 Inspector 窗口中就会出现图片的属性，调整 Max Size 为 256，调整 Format 为 Truecolor 的全彩图片。

(3) 单击 Apply 按钮。

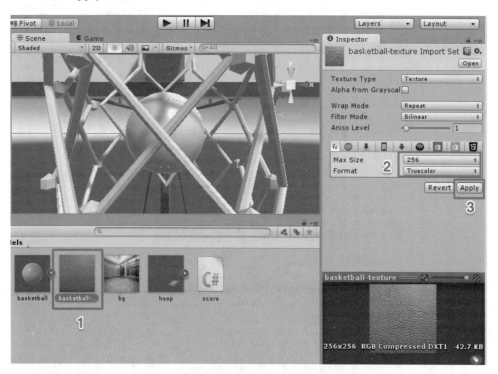

图 4-6　设置 basketball-texture.jpg(篮球图片)纹理压缩和尺寸

STEP7：设置纹理

如图 4-7 所示，设置纹理图片到这个平面上。拖拉 basketball-texture.jpg(篮球图片)到 basketball 篮球 3D 模型上面，如果成功，则会显示纹理图。

STEP8：设置篮球的 Materials 贴法

如图 4-8 所示，如果细看一下篮球，会发现篮球的纹理贴得很奇怪，看起来不像是一个球，这说明纹理的贴法需要调整。接下来就是设置 Materials 纹理的贴法：

(1) 选中 basketball 篮球 3D 模型下的 basketball。

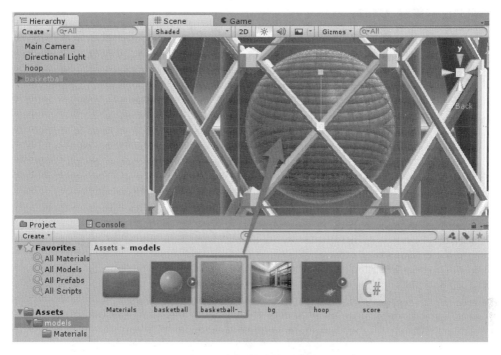

图 4-7　加入篮球纹理文件

（2）在 Inspector 窗口中的最下方就会看到纹理的图片,选中左边的三角形打开设置。

（3）因为当前的纹理看起来有反光的效果,像是金属的感觉,所以在此把 Smoothness 调整到 0,这样就会有橡胶的感觉。

（4）Tiling 用于将这一张纹理图片显示几次,因为这个 3D 篮球的模型已经被缩小为 0.05,所以在此为了与篮球一样,将 X(宽度)设置为 0.05,将 Y(高度)设置为 0.05。

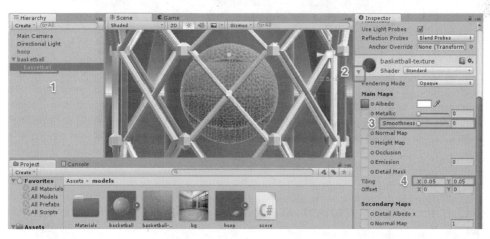

图 4-8　设置篮球的 Materials 贴法

STEP9：存储游戏场景

至此这个游戏的画面处理已基本完成，这里介绍如何修改和存储游戏场景。选择 File|
Save Scene 命令，并输入文件名称 ch4-1，单击 Save 按钮，即可完成存储的动作，如图 4-9
所示。

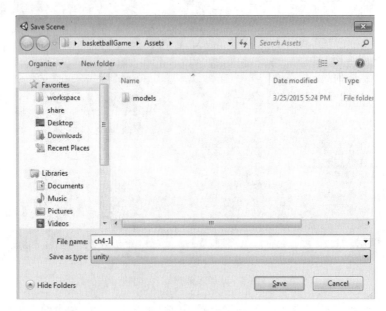

图 4-9 存储场景

运行游戏：

运行游戏，效果如图 4-10 所示。

图 4-10 游戏效果

教学视频：

为了方便大家了解本节的内容，笔者特意录制教学视频，该教学视频在 unity5_4-1_
basketballGame-models 中。

4.2 设置后台

设置后台有几种方法。可以用真的 3D 模型来当后台,这样画面效果会比较逼真,但是因为这款游戏的后台是不会移动的,所以还是采取上一节所学的方法,直接将后台图片摆在游戏的后面,这样做不仅比较简单,而且也可以节省 CPU 的运算。

STEP10:加上游戏后台

那么后台要如何处理? 这里通过选择 GameObject | 3D Object | Plane 命令新增一个平面来当成后台,如图 4-11 所示。

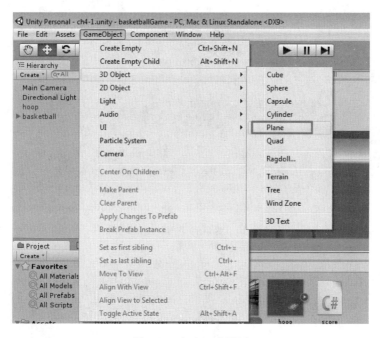

图 4-11 加上一个平面

STEP11:调整游戏后台

把平面调整到合适的位置,如图 4-12 所示。调整名称为 BG,并设置 Position(位置)为 0,0,37.2;设置 Rotation(旋转)为 90, 180, 0;设置 Scale(尺寸)为 14,7,7。

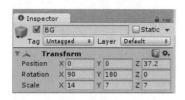

图 4-12 调整到合适的位置

STEP12：为游戏后台加上照片

在 Unity 中拖拉图片 bg.jpg 到 BG 平面的 Inspector 窗口下方，如果成功，则会显示纹理图，如图 4-13 所示。

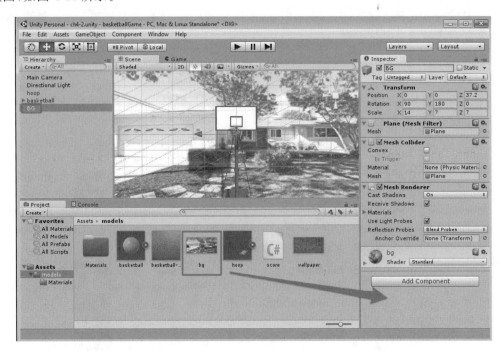

图 4-13　为后台平面加上纹理图

运行游戏：

运行游戏，效果如图 4-14 所示。

图 4-14　游戏效果

教学视频：

为方便读者了解本节的内容，笔者特意录制了教学视频 unity5_4-2_basketballGame_bg。

4.3　物理动作

画面处理得差不多了,现在来处理与游戏有关的部分。先处理投篮机最重要的功能——物理动作。

STEP13：球的自由落体的物理动作

首先替篮球加上自由落体的动作,选中 basketball 游戏对象。这里有两个方法可以设置功能,如图 4-15 所示。

(1) 第一个方法是选择 Component 菜单。

(2) 另外的一个方法是,在这个 basketball 的游戏对象的 Inspector 窗口的最下方,有个按钮叫作 Add Component,单击该按钮之后,就会出现同样的功能供选择。

(3) 选择 Component|Physics|Rigidbody(物理刚体)命令,就会产生自由落体的效果。

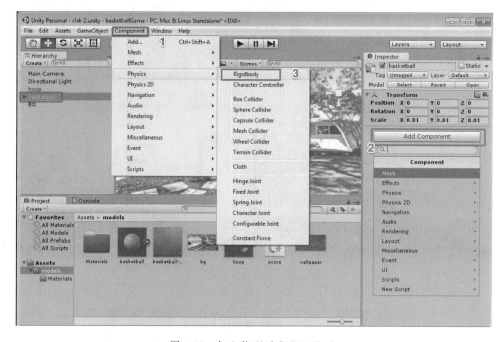

图 4-15　加上物理反应 Rigidbody

此时可以看到新的 Rigidbody 对象加到了篮球 basketball 的对象上,如图 4-16 所示。

STEP14：运行测试

如果这时运行游戏,就会发现篮球因为地心引力而掉落在地上,如图 4-17 所示。

笔者推荐用户把篮球放在篮筐上方特意测试一下碰撞的反应,这时会发现一个问题,就是这个篮球和篮筐之间居然没有碰撞的反应,也就是如图 4-18 所示,篮球会穿越篮筐,感觉是一个非常不自然的物理现象,照理说篮球和篮筐之间必须要有碰撞的反应。

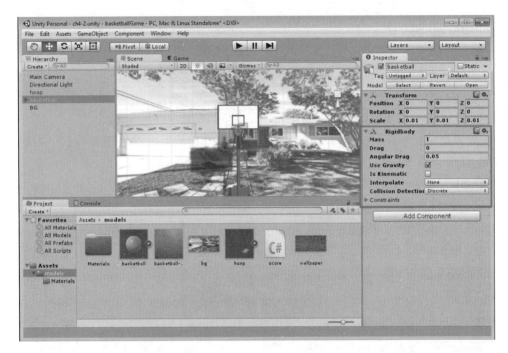

图 4-16　设置篮球 basketball Rigidbody 对象后 Inspector 的情况

图 4-17　篮球自由落体反应

图 4-18　篮球会穿越篮筐

STEP15：增加篮球的碰撞轮廓

接下来为篮球加上一个碰撞 Collider 的轮廓，也就是说到时候会依照这个轮廓的尺寸来计算与反应碰撞的情况，如图 4-19 所示。

（1）选择篮球对象。

（2）选择 Component|Physics|Sphere Collider(球体碰撞)命令。

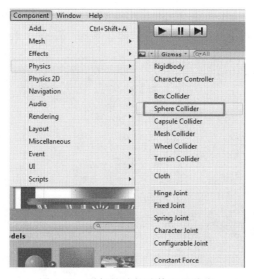

图 4-19　增加篮球的球体碰撞轮廓

（3）调整一下球体碰撞的参数来改变 Sphere Collider(球体碰撞)的尺寸，如图 4-20 所示。这里把 Radius(半径)数值改为 100。

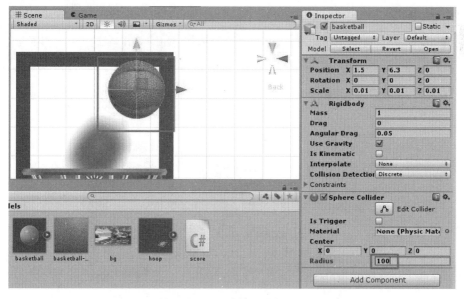

图 4-20　调整球体碰撞的尺寸

STEP16：增加篮筐的碰撞轮廓

游戏时篮球和篮筐之间会有一些反应碰撞的动作，所以接下来为篮筐再加上一个碰撞 Collider 的轮廓，也就是说到时候会依照这个轮廓的尺寸来计算与反应碰撞的情况，如图 4-21 所示。

（1）选择篮筐对象。

（2）选择 Component | Physics | Mesh Collider（3D 模型网状碰撞）命令。

（3）完成之后，就会在篮筐的属性上看到多了一个 Mesh Collider。

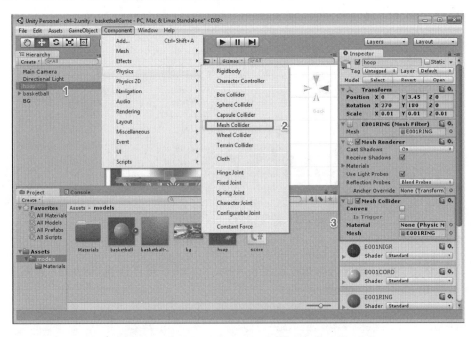

图 4-21　增加篮筐的 Mesh Collider（模型网状碰撞）轮廓

运行游戏：

运行游戏，效果如图 4-22 所示。现在篮球和篮筐碰撞就有不同的感觉，看起来就比较像正常的物理反应。

图 4-22　游戏效果

教学视频：

为了方便大家了解，笔者特意录制教学视频，该教学视频在 unity5_4-3_basketballGame_Physics 中。

4.4　设置计分点

STEP17：增加篮球投入到篮筐的计分点

单击 Play 按钮，进入游戏中，此时会发现篮球往下掉，投篮游戏要如何做一个积分的动作？如何计算篮球是否投到篮筐中？

这里借用一个 Cube(方块)来做这样的动作，如果篮球碰到这个 Cube(方块)，就算得到 1 分，如图 4-23 所示。

（1）选择 GameObject|3D Object|Cube 命令。

（2）调整篮球投入到篮筐的计分点的名称，并且调整尺寸和位置，分别是：调整名称为 PointEvent，Position(位置)为 $X=-0.12$，$Y=0.53$，$Z=0$；Rotation(旋转)为 $X=0$，$Y=0$，$Z=0$；Scale(尺寸)为 $X=1$，$Y=1$，$Z=1$。

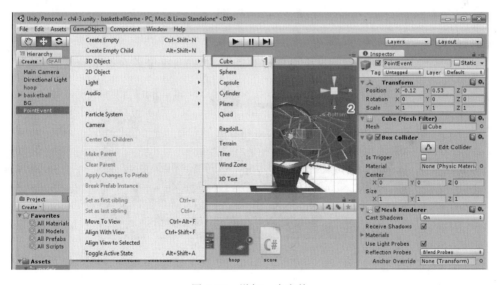

图 4-23　增加一个方块

STEP18：设置碰撞点

如图 4-24 所示。

（1）因为碰撞点是用于计算是否投进蓝框，所以应确定选中 Box Collider 选项区域中的 Is Trigger 复选框，这样就会产生碰撞事件。

（2）碰撞点当前是白色的方块，如何让其不显示但还具有原本的功能，则可取消选中 Mesh Renderer 复选框。

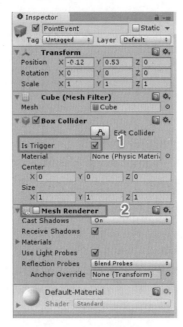

图 4-24　碰撞点设置

运行游戏：

如图 4-25 所示，用户会看到这个碰撞点是透明的，并且完全放在篮筐的里面。

图 4-25　游戏效果

教学视频：

为方便读者了解本节的内容，笔者特意录制了教学视频 unity5_4-4_basketballGame_PointEvent。

4.5　设置程序

接下来是游戏最重要的部分——游戏逻辑和判断，部分需要撰写程序，但笔者不希望让大家在刚开始学习 Unity 的时候，因为对代码不熟悉，而产生挫折感。这里先提供完整的程序给用户使用,等大家对 Unity 开发工具和这本书已经全部阅读完毕后,再回来把程序打开了解,这样会比较顺利地学习 Unity,并且难度降低很多。因为对游戏开发来讲,每个部门分得非常细,如果用户的目标是成为游戏企划和美术设计,则程序部分就交给专门的程序软件工程师来撰写;如果用户对 Unity 程序感兴趣,则推荐先学习一下基本的 C 语言和 C++ 语言,再学习 Unity C♯语言,这样拼接时才会比较流畅和适应。

STEP19:给篮球 basketball 加上 score.cs 程序

如图 4-26 所示,选中篮球,并把本项目的游戏 score C♯程序语言用拖动的方法拉到篮球的 Inspector 窗口中。

图 4-26 给篮球 basketball 加上 score.cs 程序

运行游戏:

如图 4-27 所示,运行游戏,玩家可以通过选中滑杆篮球并向前方投射,如果顺利,左上角会有个计分表,以计算当前投入几颗球。

图 4-27 游戏效果

教学视频：

为方便读者了解本节的内容，笔者特意录制了教学视频 unity5_4-5_basketballGame_Final。

4.6 补充数据——修改游戏

本节比较适合有 C♯ 语言程序经验的读者来学习，若没有程序经验，建议先跳到下一节。

本节介绍游戏程序的部分，并且让用户了解刚才的程序语言到底在做什么事情。

1. Unity C♯ 主要的几个重要函数

样例程序中 sample\ch04\basketballGame\Assets\score.cs 的部分

```
1.  using UnityEngine;                          //Unity 所使用的函数定义
2.  using System.Collections;                   //C♯ 的系统的函数定义
3.
4.  public class score : MonoBehaviour {        //继承
5.    void Start () {                           //游戏开始会调用的函数
6.        …
7.    }
8.    void Update () {                          //游戏运行时调用的函数
9.        …
10.   }
11.    void OnTriggerExit(Collider other) {     //碰撞触发事件
12.        …
13.    }
14.    void OnGUI(){                            //显示分数、文字
15.        …
16.    }
17. }
```

程序解说：

（1）第 4 行：Unity C♯ 是继承 MonoBehaviour，这样才会有相关的触发事件和类别函数、属性。

（2）第 5 行：游戏开始会调用的函数，只会调用一次，所以可以把该对象的初始化内容写在里面。

（3）第 8 行：这个函数比较特别，它每秒大概会运行 12～100 次，这取决于玩家的计算机 CPU 的速度。

（4）第 11 行：碰撞触发事件。使用这个函数的游戏对象，如果与其他的东西碰撞到一起，就会产生该触发事件。

（5）第 14 行：专门处理画面 GUI 的部分，在这个游戏中用它来显示左上角的计分。

2. 判断篮球顺利投入的处理

篮球投出去的时候,如果顺利到达,程序部分会判断是不是碰撞到计分点;如果碰撞到计分点,则会产生 OnTriggerExit 碰撞触发事件,并且在里面做出加分的计算。

样例程序中 sample\ch04\basketballGame\Assets\score.cs 的部分

```
1.   …
2.   public class score : MonoBehaviour {              //继承
3.   …
4.     int mScore = 0;
5.      void OnTriggerExit(Collider other) {           //碰撞触发事件
6.            mScore = mScore + 1;
7.        }
8.   …
9.   }
```

3. 显示游戏分数的处理

在程序中显示分数就是在 OnGUI 的函数中显示分数变量的数值。

样例程序中 sample\ch04\basketballGame\Assets\score.cs 的部分

```
1.   …
2.   public class score : MonoBehaviour {              //继承
3.     int mScore = 0;
4.   …
5.       void OnGUI () {                               //显示分数、文字
6.         …
7.         GUI.Label(new Rect(0,0,400,400)," Score:" + mScore);
8.       }
9.
10.  }
```

4. 投篮的动作

如何加上力量来做投篮的动作?

投篮动作的原理是通过 rigidbody.AddForce 函数施加力量给物体。

```
rigidbody.AddForce(force: Vector3)
```

施加外力给物体。

其中,force:Vector3 为给予的力量尺寸。

样例:

```
rigidbody.AddForce (Vector3.up * 10);             //往上
rigidbody.AddForce (Vector3.forward * 16);        //往前
rigidbody.AddForce (0, 10, 0);                    //往上
```

这里修改一下,让游戏一开始的时候往前投篮。

把 score.cs 程序打开,在 void Start() 上面加上

```
rigidbody.AddForce (Vector3.up * 60);
rigidbody.AddForce (Vector3.forward * 16);
```

意思是,往上的力量 60,往前的力量 16。

5. 增加力量表

至此游戏越来越像样。现在每一次玩,一定都可以投进篮筐,因为投篮的力量是固定的数字并写在程序中,这里需要有个力量表,让用户依照选中的时间,改变力量表的尺寸,也改变投篮的力量。

先显示力量表,借用 GUI 的 VerticalScrollbar 功能,那是显示 scroll bar 的函数,如图 4-28 所示。

样例程序中 sample\ch04\basketballGame\Assets\score.cs 的部分

图 4-28　力量表

```
1.   float    vSbarValue = 0.0f;
2.       void OnGUI () {
3.     GUI.VerticalScrollbar(new Rect(25, 20, 100, 120), vSbarValue, 1.0F, 10.0F, 0.0F);
4.         …
5.   }
```

6. 修改使力量表上下移动

为了增加游戏性,把力量表上下移动,增加难度。如何修改才能使力量表上下移动?力量表的尺寸是通过 vSbarValue 变量来得到,该变量的范围是 0~9,通过 void Update()来改变 vSbarValue 的尺寸。

但是因为每一台机器运行的速度不一样,所以用 Time.deltaTime 来读取每秒钟显示的时间速度,这样可以确保不同 CPU 的机器,运行游戏的结果是一样的。

上下移动是借用另一个变量 t_valueUpDown 来调整是加还是减。

样例程序中 sample\ch04\basketballGame\Assets\score.cs 的部分

```
1.   int t_valueUpDown = 0;
2.
3.     void Update () {
4.       float translation = Time.deltaTime * 10;
5.
6.       if(vSbarValue > 9.0f){t_valueUpDown = 1; }
7.       if(vSbarValue < 0.0f){t_valueUpDown = 0;}
8.
```

```
9.          if(t_valueUpDown == 0){
10.             vSbarValue = vSbarValue + translation;
11.         }else{
12.             vSbarValue = vSbarValue - translation;
13.         }
14.         …
15.
```

7. 投篮的动作

用户如何投篮？当用户选中画面时,就把篮球投出去。接下来判断用户是否选中画面。可以使用

if (Input.GetButtonDown("Fire1")){}

来判断用户是否选中画面。把刚才的力量动作写在里面,因为要有游戏性,这里把力量表的力量放在力量的计算上面,并把 void Start (){}中的物理计算去除。

样例程序中 sample\ch04\basketballGame\Assets\score.cs 的部分

```
1.   void Update () {
2.         …
3.         if (Input.GetButtonDown("Fire1")) {
4.             rigidbody.AddForce (Vector3.up * (vSbarValue * 10) );   //60
5.                 rigidbody.AddForce (Vector3.forward * 16);
6.             }
7.     }
```

程序解说:
- 第 3 行:判断鼠标是否按下。
- 第 5~6 行:施加物理外力。

如果现在运行游戏,会发现一开始篮球就直接掉下去了,这是因为物理计算的关系,所以要改一下,先让篮球暂停物理运算,直到单击按钮后,再开始进行物理计算。可以通过

rigidbody.isKinematic = true;   //暂停物理计算
rigidbody.isKinematic = false;   //开始物理计算

来完成

注意: rigidbody.isKinematic = true;表示暂停物理计算。

4.7 贴图和纹理简介

本章游戏通过贴图显示后台的图片、篮球的纹理,而贴图的技巧将会在本节详细介绍。贴图贴得好,画面效果就会加分。在 Unity 5 中有 4 个重要的对象用于处理贴图,如

图 4-29 所示。

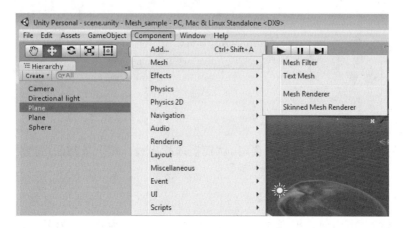

图 4-29 Unity 的贴图种类

贴图对象功能：

(1) Mesh\Mesh Filter 滤网。

(2) Mesh\Text Mesh 文字网。

(3) Mesh\Mesh Renderer 网格渲染。

(4) Mesh\Skinned Mesh Renderer 人物蒙皮网格渲染。

4.7.1　Mesh Filter(滤网)

Mesh Filter(滤网)就是对 3D 外形的定义，如图 4-30 所示。

图 4-30　Unity 的贴图种类——Mesh Filter

4.7.2　Text Mesh(文字网)

Text Mesh(文字网)用于显示 3D 文字的效果，如图 4-31 所示。

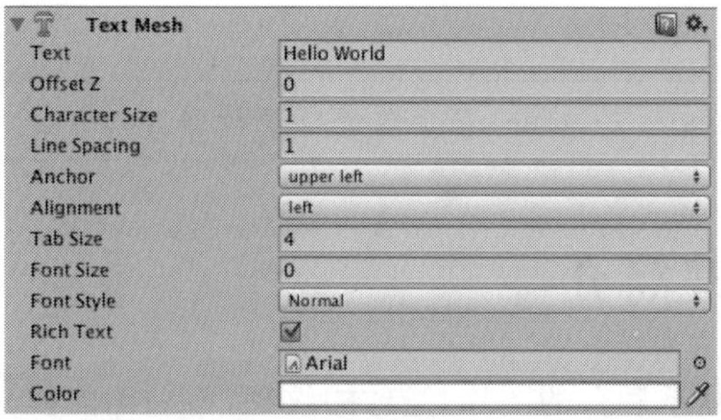

图 4-31　Unity 的贴图种类——Text Mesh

其属性如表 4-1 所示。

表 4-1　Text Mesh 的属性

属　　　性	说　　　明
Text	要显示的文字
Offset Z	深度
Character Size	每一个字的尺寸
Line Spacing	行间距
Anchor	锚
Alignment	校准
Tab Size	Tab 尺寸
Font Size	字体尺寸
Font Style	字体风格
Rich Text	丰富字体
Font	字形
Color	颜色

4.7.3　Mesh Renderer(网格渲染)

Mesh Renderer(网格渲染)用于显示 3D 模型的对象,游戏中的篮球就是通过它达到显示的目的,如果想把游戏对象隐藏起来,只需把其删除即可,如图 4-32 所示。

图 4-32　Unity 的贴图种类——Mesh Renderer

其属性如表 4-2 所示。

表 4-2　Mesh Renderer 的属性

属　　　性	说　　　明
Cast Shadows	投射阴影
Receive Shadows	接收阴影
Materials	纹理
Use Light Probes	使用光效果

4.7.4 Skinned Mesh Renderer(人物蒙皮网格渲染)

Skinned Mesh Renderer(人物蒙皮网格渲染)用于显示 3D 人物模型的蒙皮贴图对象，处理人物模型的外观，并使用骨骼蒙皮来渲染呈现人物的骨骼动画。这种新技术适用于人物的关节弯曲专门处理，如图 4-33 所示。

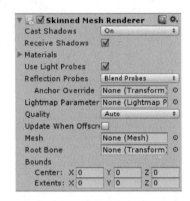

图 4-33 Unity 的贴图种类——Skinned Mesh Renderer

其属性如表 4-3 所示。

表 4-3 Skinned Mesh Renderer 的属性

属　　性	说　　明
Cast Shadows	投射阴影
Receive Shadows	接收阴影
Materials	纹理
Use Light Probes	使用光效果
Quality	显示的质量效果
Mesh	网格
Root Bone	骨骼最上面的顶点
Bounds	边界、位置

本章习题

1. 问答题

（1）如何设置游戏自由落体的效果？

    A. Rigidbody   B. Cube   C. Collider   D. Light

（2）如何设置游戏对象的碰撞？

    A. Cube Collider   B. Rigidbody   C. Render   D. 以上皆是

（3）如何设置游戏对象为碰撞反应点？

    A. 选中 Collider 的 Is Trigger　　　　　B. Rigidbody

    C. 取消选中 Collider 的 Is Trigger　　　D. Rigidbody

2. 实作题

（1）依照本章的教学修改投篮游戏。

（2）为投篮游戏设置其他图片和游戏对象,增加游戏画面的效果。

第5章　Prefab(预制)对象

（项目：捡宝物游戏）

本章介绍如何在 Unity 5 中设计捡宝物游戏,目标完成效果如图 5-0 所示。

图 5-0　本章的目标完成图

5.1　Prefab(预制)对象的用法

本章介绍如何在 Unity 中设计 3D 游戏,并且以设计一款手机必备的游戏——弹珠平衡游戏为范本,介绍如何在 Unity 中实现和完成。

该游戏需要用到的对象和用户应学习的技巧分别是:

(1) 3D 圆球——弹珠。

(2) 3D 模型处理——道路。

(3) UI 用户界面的显示表——UISkin。

(4) 碰撞处理。

(5) Unity 的程序——处理逻辑和分数的变化。

(6) 计分。

STEP1：创建一个新的项目

参照 3.1 节，创建一个全新的项目，如图 5-1 所示。

（1）将项目命名为 MyPickerGame，并选择项目要存储的位置。

（2）设置为 3D 游戏。

（3）单击 Create project 按钮。

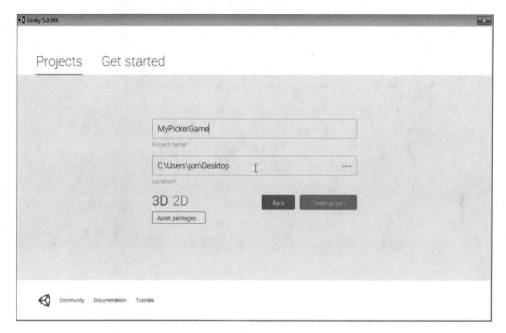

图 5-1　创建一个新的项目

STEP2：放入 3D 模型

如图 5-2 所示。

（1）在 Project 项目的 Assets 中添加一个文件夹，取名为 models，用来准备放游戏的 3D 模型。可依照以下步骤设置：在 Project\Assets 的空白处右击，在弹出的快捷菜单中选择 Create|Folder 命令，就可以创建出一个文件夹，将其命名为 models。

（2）用鼠标拖拉的方法把 3D 模型文件拉到 Assets\models 下，这样就可以把文件复制到项目的路径下。

① Ballance.fbx：道路 3D 模型。

② texture1.jpg：道路纹理图 1。

③ texture2.jpg：道路纹理图 2。

④ glass-texture.jpg：弹珠图片。

⑤ score.cs：程序。

（3）系统会自动产生 Materials(材质)库。

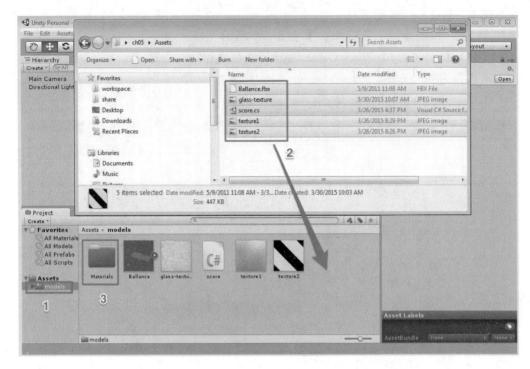

图 5-2　把 3D 模型等放到 Assets\models 路径

STEP3：把模型放到游戏中

如图 5-3 所示。

（1）把 Scene（场景）调整为由上往下看 3D 世界观。

（2）把项目中的 Ballance.fbx 3D 模型文件展开。

（3）选择 Straight 模型。

（4）把 Straight 模型拖放到 Scene（场景）。

（5）在 Inspector 窗口中调整 Straight 模型：设置名称为 Road；Position（位置）为 0,0,0；Rotation（旋转）为 270,180,0；Scale（尺寸）为 1,1,1。

STEP4：设置纹理压缩和尺寸

因为道路 Road 当前是红色的,意思是 Road 道路 3D 模型并没有纹理,如图 5-4 所示,所以依照下列步骤调整一下 texture1.jpg 图片的压缩比例和纹理图片的尺寸：

（1）选中 texture1.jpg 图片。

（2）这时在 Inspector 窗口中会出现图片的属性,调整 Max Size 为 512,调整 Format 为 16 bits 的全彩图片。

（3）单击 Apply 按钮。

同样的步骤,请设置 texture2.jpg。

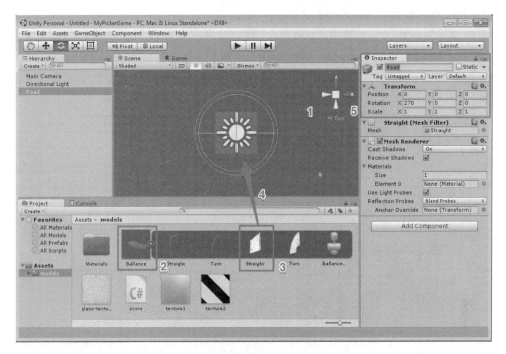

图 5-3　把 Straight 模型放到 Scene(场景)中

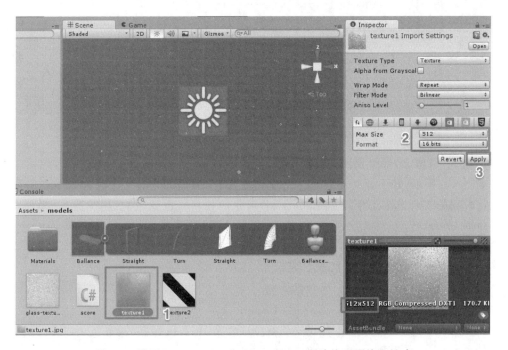

图 5-4　设置 texture1.jpg 和 texture2.jpg 图片纹理压缩和尺寸

STEP5：设置纹理

添加纹理图片到这个道路 Road 模型上，以前都是拖拉 texture1.jpg 图片，但这次在 3D Max 设计时，就已经指定两个纹理文件，如图 5-5 所示。

（1）在 Materials 选项区域中修改 Size 为 2 个纹理。

（2）选中 Element 0 右边的圆圈来指定纹理。

（3）在跳出来的纹理窗口中选择 texture1，如果成功，则会显示纹理图。

用同样的方法，把 Element 1 指定为 texture2。

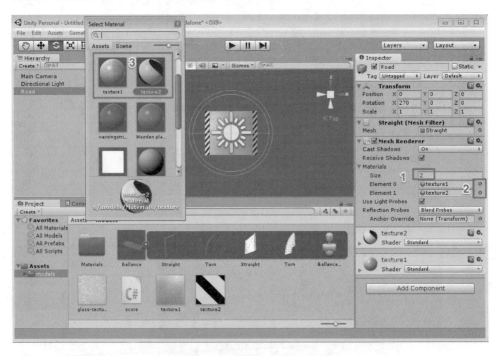

图 5-5　加入道路 road 纹理文件

STEP6：新增 Prefab（预制）对象

如图 5-6 所示，好不容易设置好一个道路的部分，但是如果每一个道路都这样设置，是会很花时间的。所以在此介绍 Prefab（预制）对象的技巧。也就是先设置好一个模板，以后直接使用 Prefab（预制）即可。

（1）在 Project 项目窗口下的 Assets 上右击。

（2）从弹出的快捷菜单中选择 Create|Prefab 命令。

STEP7：设置 Prefab（预制）对象的内容

如图 5-7 所示，这时会看到一个新的 Prefab（预制）对象。

（1）把刚才指定好的 Road 游戏对象拖拉到这个 Prefab（预制）对象。

（2）把 Prefab（预制）对象的名称改为 Road。

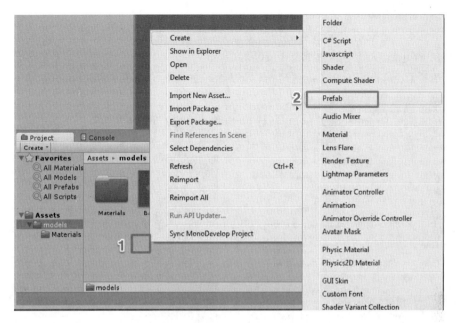

图 5-6　新增 Prefab(预制)对象

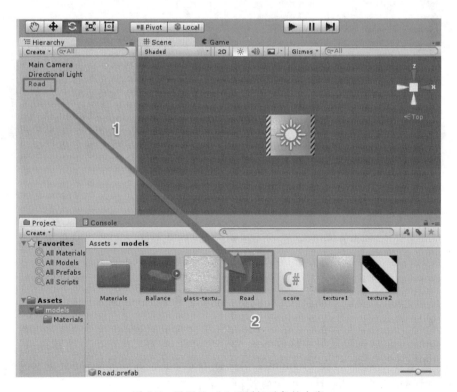

图 5-7　设置 Prefab(预制)对象的内容

STEP8：设置 Road 游戏对象的碰撞

为了让 Road 游戏对象能够有碰撞的效果，需要添加碰撞效果，如图 5-8 所示。

（1）在 Project 项目中选中 Road 预制对象。

（2）选择 Component|Physics|Mesh Collider 命令来添加碰撞的物理反应。

图 5-8　设置 Road 游戏对象的碰撞

STEP9：设置转角 Turn 预制对象

注意，道路还有一部分需要设置——转角的部分，依照 Road 预制对象的方法，同样地帮 Turn 模型创建一个转角 Turn 预制对象，如图 5-9 所示。

（1）在 Project 项目中把 Turn 模型拖放到场景 Scene，并确认只有转弯的模型。

（2）在 Inspector 窗口中调整 Turn 模型：设置名称为 turn；Position（位置）为 0，0，0；Rotation（旋转）为−90，0，0；Scale（尺寸）为 1，1，1。

（3）在 Materials 选项区域中修改 Size 为 3 个纹理，并在 Element 0 中选择 texture1，在 Element 1 中选择 texture2，在 Element 2 中选择 texture1。如果成功，则会显示纹理图。

（4）选中 Mesh Collider 复选框来添加碰撞的物理反应。

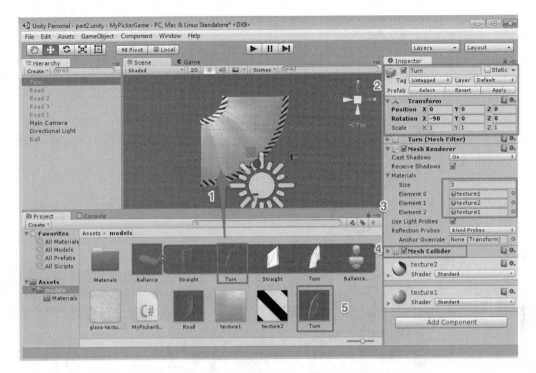

图 5-9　设置转角 Turn 预制对象

STEP10:存储游戏场景

养成随手存储游戏的好习惯,选择 File|Save Scene 命令,并输入文件名称 part1,单击 Save 按钮,就可以完成存储的动作。

运行游戏:

当前的游戏情况如图 5-10 所示。

图 5-10　当前游戏

教学视频:

为方便读者了解本节的内容,笔者特意录制了教学视频 unity5-MyPickerGame-1-Road。

5.2 物理动作

现在来创建游戏的关卡，并且自行设计游戏的关卡和难度。

STEP11：游戏关卡

用户可以依照自己的情况来设计游戏的关卡，可以把刚刚所做的 Road 游戏对象添加几个放在游戏上面，并且排列成有趣的顺序，到时候让球可以在上面滚来滚去。这里添加四个 Road 游戏对象，如图 5-11 所示。

（1）选择 Road 预制对象。

（2）把 Road 预制对象拖放到场景 Scene，并设置名称为 Road1，Position（位置）为 0，0，4；Rotation（旋转）为 270，180，0；Scale（尺寸）为 1，1，1。

（3）分别做四次，每一次设置 Size 为 2。

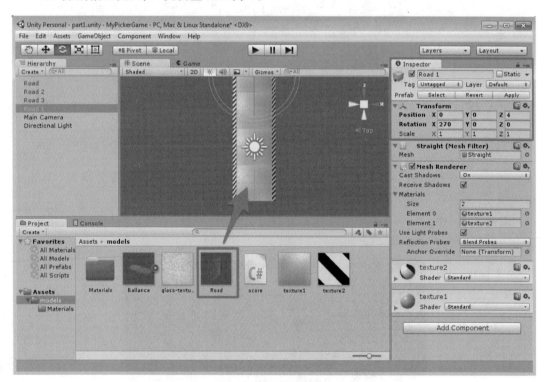

图 5-11　添加游戏对象

其他情况用户可以自由发挥。

STEP12：添加主角——球

下面要处理游戏的主角——球。选择 GameObject | 3D Object | Sphere 命令新增一个球，如图 5-12 所示。

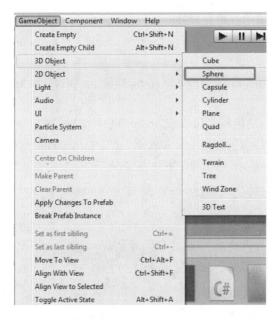

图 5-12　添加主角——球

STEP13：主角——球的自由落体的物理动作

为主角——球加上自由落体的动作，如图 5-13 所示，先选中刚才新增的主角——球的游戏对象。

（1）设置新增主角——球的名称为 Ball；Position(位置)为 0,1,0；Rotation(旋转)为 0,0,0；Scale(尺寸)为 1,1,1。

（2）确定是否有 Sphere Collider，如果没有，则选择 Component | Physics | Sphere Collider 命令来添加。

（3）该球对地心引力会有反应，所以选择 Component | Physics | Rigidbody(物理刚体)命令，就会产生自由落体的效果。

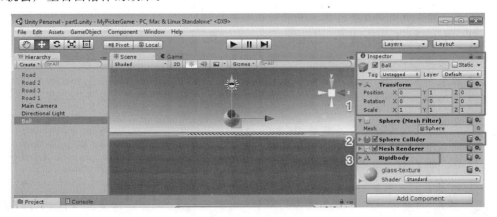

图 5-13　设置球的自由落体

STEP14：主角——球的纹理和程序

这里需要为主角——球添加 MyPickerGame.cs 程序和 glass-texture.jpg 纹理图片，如图 5-14 所示。

（1）把 MyPickerGame.cs 程序和 glass-texture.jpg 纹理图片这两个文件拖到主角——球的属性上面。

（2）确认一下是否已经把程序添加成功，如果如图 5-14 所示，则代表添加成功。

（3）确认一下纹理图片是否如图 5-14 所示，它表明已经顺利地添加到主角上了。

（4）如果这时运行程序，则会发现左下角有错误，不用紧张，会在下一个步骤中修复它。

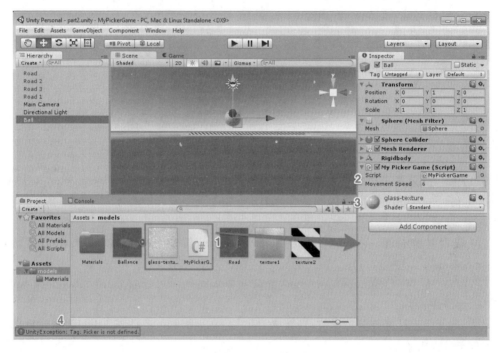

图 5-14　主角——球的纹理和程序

STEP15：添加 Tag 种类

该游戏需要有两个碰撞的情况，一个是要捡取的宝石，另一个是万一球掉下去的时候，Game Over 游戏结束的碰撞点，如图 5-15 所示。

（1）选中 Tag 旁边的三角形。

（2）选择 Add Tag 命令。

（3）在 Tags 选项中，如图 5-16 所示。选择"＋"来添加一个新的 Tag 标签。

（4）在上面设置 Tag 标签的名称，这里因为程序的关系，输入 Picker。

运行游戏：

运行游戏，现在游戏的情况如图 5-17 所示，此时运行游戏，发现球会因为地心引力的关系而掉落在地上，并且因为程序的关系，可以通过键盘的上下左右来移动。

图 5-15　添加 Tag 种类

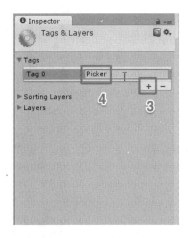

图 5-16　设置 Tag 名称

图 5-17　球的自由落体反应

教学视频:

为方便读者了解本节的内容,笔者特意录制了教学视频 unity5-MyPickerGame-2-Ball。

5.3　Asset Store(联机商店)

现在通过 Unity 的联机商店 Asset Store 来添加游戏中的宝物,在前面曾介绍过这个联机商店。实际上,Asset Store 联机商店有很多好东西,包含音乐、程序、模型等。本节将会实际到联机商店去下载模型,并将其当成游戏中的宝物。

STEP16:打开 Asset Store(联机商店)

选择 Window|Asset Store 命令,就可以进入 Asset Store 联机商店,如图 5-18 所示。

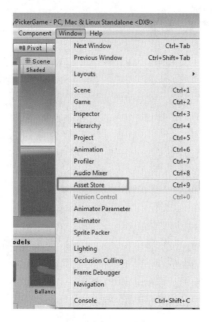

图 5-18 打开 Asset Store 联机商店

STEP17：查找 Gem Shader 模型

在 Asset Store 联机商店查找 Gem Shader 模型，如图 5-19 所示。

（1）输入关键字 gem，就可以看到官方 Unity 提供的免费模型。

（2）选择 Gem Shader 模型。

图 5-19 在 Asset Store 联机商店查找 Gem Shader 模型

STEP18：下载 Gem Shader 模型

如果还没有登录，如图 5-20 所示，通过 Log in 账号与口令，就可以下载模型文件。

（1）单击 Download 按钮。

（2）系统会询问是否要自动安装到现在的项目中，单击 Import 按钮。

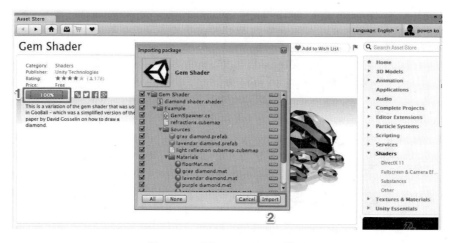

图 5-20　下载 Gem Shader 模型

STEP19：使用 Gem Shader 模型

顺利地下载 Gem Shader 模型后，就可以在游戏中试用这个模型，如图 5-21 所示。

（1）在 Project 项目中选择 Gem Shader|Example|Source。

（2）把 turquoise diamond 拉到游戏 Scene 窗口中。

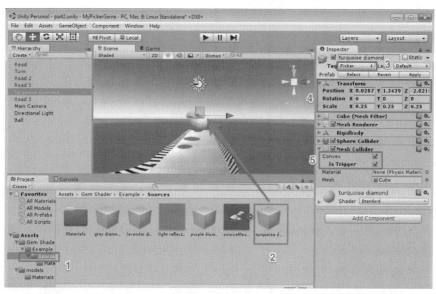

图 5-21　使用 Gem Shader 模型

（3）注意因为程序的关系，要设置这个模型的属性 Tag 为 Picker。

（4）设置尺寸和位置。

（5）因为到时候主角要捡这个宝石，所以应设置碰撞。选中 Convex 和 Is Trigger 复选框。

运行游戏：

如图 5-22 所示，用户可以在游戏中自行摆放多个宝石，让主角去捡它。

图 5-22 捡起宝石

教学视频：

为方便读者了解本节的内容，笔者特意录制了教学视频 unity5-MyPickerGame-3-AssetStore-picker 中。

5.4 游戏 GameOver 设置

游戏有赢也一定会有输，在本节将设置 GameOver 的部分。

STEP20：添加一个正方形

添加一个正方形，当成游戏掉落时的碰撞点检测，也就是说当主角——球掉落时，就会撞倒这个方块，当成 GameOver。选择 GameObject | 3D Object | Cube 命令，如图 5-23 所示。

STEP21：设置碰撞事件

接下来调整此方块，来达成 GameOver 碰撞事件的产生，如图 5-24 所示。

（1）选择方块并依照实际的游戏情况调整和设置。这里设置名称为 GameOver；Position（位置）为 0，−2，0；Rotation（旋转）为 0,0,0；Scale（尺寸）为 50,1,50。

（2）因为程序的关系，应确认设置 Tag 为 GameOver，如果无 Tag，则依照 STEP15 设置一个新的标签 GameOver。

（3）因为碰撞的关系，需要设置反应，选中 Is Trigger 复选框。

（4）GameOver 是用来处理掉落的反应，所以需要是透明的，故取消选中 Mesh Renderer 复选框。

图 5-23　添加掉落时检测用的方块

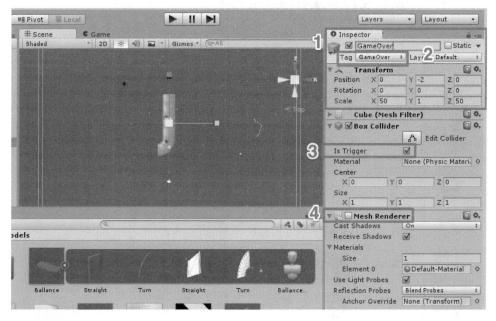

图 5-24　设置 GameOver

运行游戏:

运行游戏后,如图 5-25 所示,当主角——球掉落时,就会产生 GameOver 的情况。用户可以自行调整,添加一些会 GameOver 的情况,例如摆放炸弹,当主角碰到就会结束游戏等。

图 5-25　游戏的 GameOver

教学视频：

为方便读者了解本节的内容，笔者特意录制了教学视频 unity5-MyPickerGame-4-AssetStore-GameOver. mov。

5.5　设置后台 SkyBox（天空盒）

本节介绍如何设置后台，这里介绍 SkyBox（天空盒）的设置方法。

STEP22：到 Asset Store 选择 SkyBox（天空盒）

可以到 Assets Store 上面下载和购买 SkyBox（天空盒），只要寻找 Skybox 就可以有很多的选择，在此选择 Classic Skybox，如图 5-26 所示。

图 5-26　选择 Classic Skybox

STEP23：下载 Classic Skybox(天空盒)

如果还没有登录，可通过 Log in 账号与口令下载天空盒，如图 5-27 所示。

（1）单击 Download 按钮。

（2）系统会询问是否要自动安装到现在的项目中，单击 Import 按钮。

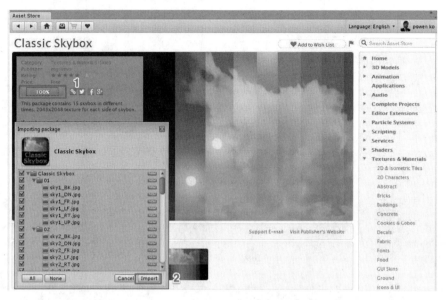

图 5-27　下载 Classic Skybox(天空盒)

STEP24：使用 Classic Skybox(天空盒)

选择 Window|Lighting 命令，如图 5-28 所示。

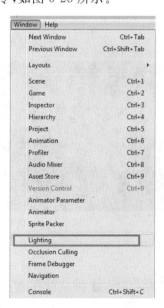

图 5-28　选择 Window|Lighting 命令

这时系统会弹出 Lighting 窗口,可依照下面的动作设置,如图 5-29 所示。

(1) 在 Lighting 窗口中选择 Scene。

(2) 选中 Skybox 右边的圆圈。

(3) 从中挑一个自己喜欢的 Skybox(天空盒),在此笔者选的是 sky15。

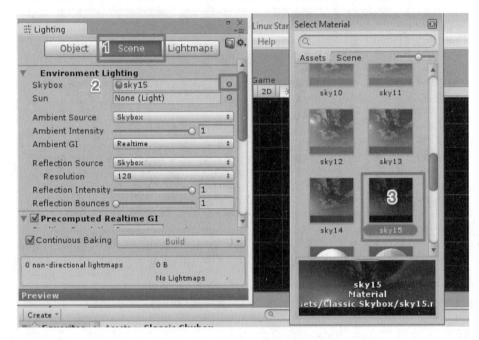

图 5-29　使用 Classic Skybox(天空盒)

运行游戏:

运行游戏,如图 5-30 所示。

图 5-30　运行游戏

教学视频:

为方便读者了解本节的内容,笔者特意录制了教学视频 unity5-MyPickerGame-5-AssetStore-SkyBox。

5.6　摄影机跟着主角

接下来要调整主要的摄影机。当主角——球移动时,摄影机也会跟着移动,这样才不会跑出屏幕。在这里通过程序获取要跟踪的目标,并且调整摄影机的位置。

STEP25:设置主要摄影机

这里将会添加自己写的 C# 程序,而程序的功能会在最后一节介绍。让摄影机跟着主角——球一起移动,可依照下列步骤,如图 5-31 所示。

(1) 选中 Main Camera(主要摄影机),并且调整 Position(位置)为 0,1,－10;Rotation(旋转)为 0,0,0;Scale(尺寸)为 1,1,1。

(2) 在 Main Camera(主要摄影机)中加上 CameraFollow.cs。

(3) 选择 Ball。

(4) 设置 CameraFollow.cs:Target(目标)为主角 Ball;Relative Height(摄影机高度)为 1;Z Distance(深度)为 4;Damp Speed(摄影机移动速度)为 2。

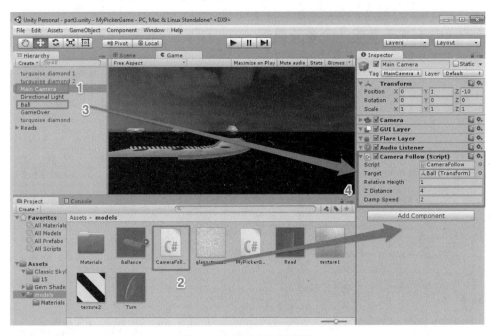

图 5-31　设置主要摄影机

运行游戏:

待宝石全部收集完毕,就可以过关,如图 5-32 所示。

教学视频:

为方便读者了解本节的内容,笔者特意录制了教学视频 unity5-MyPickerGame-6-AssetStore-GameFinal-camera。

图 5-32　运行游戏

5.7　补充数据——游戏程序说明

本节比较适合有 C♯语言程序经验的读者来做高级学习,这里会介绍在本章所使用的程序语言到底在做什么事情。

1. Unity C♯主要的几个重要函数

样例程序中 MyPickerGame\Assets\models\MyPickerGame.cs 的部分

```
1.   using UnityEngine;                              //Unity 所使用的函数定义
2.   using System.Collections;                       //C♯的系统的函数定义
3.
4.   public enum GameState {playing, won, lost };
5.
6.   public class MyPickerGame : MonoBehaviour{       //继承
7.     public static MyPickerGame SP;
8.     public float movementSpeed = 6.0f;
9.
10.
11.    private int totalGems;
12.    private int foundGems;
13.    private GameState gameState;
14.
15.
16.    void Awake(){                                  //游戏开始会调用的函数
17.       SP = this;
18.       foundGems = 0;
19.       gameState = GameState.playing;
20.       totalGems = GameObject.FindGameObjectsWithTag("Picker").
                                        Length;  //计算宝石的数量
21.       Time.timeScale = 1.0f;
22.    }
```

```
23.
24.     void Update () {                              //游戏运行时调用的函数
25.         …
26.     }
27.
28.
29.     void OnGUI () {                               //显示分数、文字
30.         …
31.     }
32.
33.     void OnTriggerEnter  (Collider other  ) {     //碰撞事件
34.         …
35.     }
36.
37.     …
38. }
```

程序解说：

（1）第 6 行：Unity C♯是继承 MonoBehaviour,这样才会有相关的触发事件和类别函数、属性。

（2）第 16 行：这个函数比较特别,它每秒大概会运行 12～100 次,这取决于玩家的计算机的 CPU 的速度。

（3）第 24 行：游戏开始会调用的函数,只会调用一次,所以可以把该对象的初始化内容写在里面。

（4）第 29 行：专门处理画面 GUI 的部分,在这个游戏中用它来显示左上角的计分。

（5）第 33 行：碰撞触发事件。使用这个函数的游戏对象,如果与其他的东西碰撞到一起,就会产生该触发事件。

2. 控制主角——球的方法

这个游戏是如何让主角通过键盘的上下左右键来控制主角的移动的呢？

1）Input. GetAxis("Horizontal")；

如果按下左键,则回传－1；如果按下右键,则回传 1；如果左键、右键都没按下,则回传 0。

2）Input. GetAxis("Vertical")；

如果按下上键,则回传 1；如果按下下键,则回传－1；如果上键、下键都没按下,则回传 0。

样例程序中 MyPickerGame\Assets\models\MyPickerGame. cs 的部分

```
1.  …
2.       public float movementSpeed = 6.0f;           //速度变量
3.     void Update () {                               //游戏运行时调用的函数
```

```
4.      Vector3 movement = (Input.GetAxis("Horizontal") *
                                        - Vector3.left * movementSpeed) +
5.          (Input.GetAxis("Vertical") * Vector3.forward * movementSpeed);
6.          GetComponent<Rigidbody>().AddForce(movement,
    ForceMode.Force);                                      //物理外力
7.      }
8.      …
9.  }
```

3. 碰撞的对象判断

在这个游戏中,主角碰到两个物体会有反应,分别是:

(1) 宝物:Tag 标签为 Picker。

(2) 掉落:Tag 标签为 GameOver。

在程序中可以通过 Collider.tag 来取得被撞倒的那个对象的 Tag 标签是什么,并通过常用的 Collider.name 来判断在发生碰撞的时候是哪一种类。

样例程序中 MyPickerGame\Assets\models\MyPickerGame.cs 的部分

```
1.  void OnTriggerEnter  (Collider other  ) {              //碰撞事件
2.      if (other.tag == "Picker") {                       //被撞的是宝物吗?
3.          MyPickerGame.SP.FoundGem ();
4.          Destroy (other.gameObject);
5.      } else if (other.tag == "GameOver") {              //被撞的是掉落吗?
6.          MyPickerGame.SP.SetGameOver ();
7.      }else
8.      {
9.      }
10.     }
```

(1) String Collider.Tag 属性判断被撞倒的对象的 Tag 标签名称。

(2) String Collider.name 属性判断被撞倒的对象的名称。

(3) String Collider.gameobject 属性判断被撞倒的对象的游戏对象。

4. 计分处理

样例程序中 MyPickerGame\Assets\models\MyPickerGame.cs 的部分

```
1.      …
2.  private int totalGems;
3.  private int foundGems;
4.  public void FoundGem()
5.  {
6.      foundGems++;
```

```
7.          if (foundGems >= totalGems)                    //收集到所有的宝石
8.          {
9.              WonGame();
10.         }
11.     }
12.     public void WonGame()                              //游戏胜利处理
13.     {
14.         Time.timeScale = 0.0f;
15.         gameState = GameState.won;
16.     }
17.     public void SetGameOver()                          //游戏失败处理
18.     {
19.         Time.timeScale = 0.0f;
20.         gameState = GameState.lost;
21. }
```

至此游戏越来越像样了。接下来要处理游戏成功和失败反应,在这里将会通过 OnGUI()
这个 Unity 专门处理画面的函数,判断现在游戏的状态,并且做出胜利和失败的处理,这里
通过按钮 GUILayout. Button 进行选择。

样例程序中 MyPickerGame\Assets\models\MyPickerGame. cs 的部分

```
1.  void OnGUI () {
2.      GUILayout.Label(" Found gems: " + foundGems + "/" + totalGems );
3.
4.      if (gameState == GameState.lost)                          //游戏失败的处理
5.      {
6.          GUILayout.Label("You Lost!");                         //显示文字
7.          if(GUILayout.Button("Try again") ){                   //显示按钮
8.              Application.LoadLevel(Application.loadedLevel);    //重来
9.          }
10.     }
11.     else if (gameState == GameState.won)                      //游戏失败的处理
12.     {
13.         GUILayout.Label("You won!");                          //显示文字
14.         if(GUILayout.Button("Play again") ){                  //显示按钮
15.             Application.LoadLevel(Application.loadedLevel);    //重来
16.         }
17.     }
18. }
```

程序解说:
第 8 行: 重新读入本游戏关卡观看。

5. 移动镜头

该游戏中有个特别的功能:通过 CameraFollow. cs 依照目标的游戏对象调整并且跟
随。这是通过 Transform position 来设置和取得游戏对象的 x,y,z 位置实现的。

样例程序中 MyPickerGame\Assets\models\CameraFollow . cs 的部分

```
1.  using UnityEngine;
2.  using System.Collections;
3.
4.  public class CameraFollow : MonoBehaviour {
5.
6.      public Transform target;
7.      public float relativeHeigth = 10.0f;
8.      public float zDistance = 5.0f;
9.      public float dampSpeed = 2;
10.
11.     void Update () {
12.         Vector3 newPos = target.position +
                new Vector3(0, relativeHeigth, - zDistance);        //新的位置
13.         transform.position = Vector3.Lerp(transform.position,
                newPos, Time.deltaTime * dampSpeed);               //调整位置
14.     }
15. }
```

程序解说：

第 13 行：依照时间的设置，可以调整摄影机的位置。

本章习题

1. 问答题

(1) 在本游戏中检测 GameOver 和主角掉落的方法是什么？

    A. Rigid body   B. is Trigger   C. Collider   D. 以上皆是

(2) Asserts Store 的目的是什么？

    A. 买样例程序   B. 下载模型

    C. 取得开发游戏的组件   D. 以上皆是

(3) Skybox 的用途是什么？

    A. 通信软件   B. 显示天空   C. 游戏宝物   D. 游戏点数

(4) Empty GameObject 和 Prefab 的功能哪一个正确？

    A. 都是游戏对象的集合   A. 显示颜色

    C. 关卡设置   D. 游戏逻辑

2. 实作题

(1) 依照本章的教学，修改游戏，添加其他的对象模型当成宝物让玩家捡拾。

(2) 增加碰到后会 GameOver 的游戏对象，如摆放炸弹，让游戏更有趣。

(3) 修改关卡和道路，增加游戏的丰富性。

第6章

摄 影 机

（项目：狗狗过街游戏）

本章介绍如何在 Unity 中设计类似 Crossy Road 或狗狗过街的游戏，目标完成效果如图 6-0 所示。

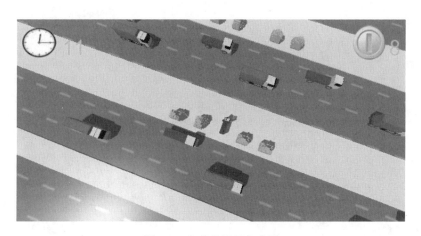

图 6-0　本章的目标完成图

6.1　道路设置

本章介绍如何在 Unity 中设计 3D 游戏，并且以设计一款经典游戏——狗狗过街，即在 2015 年 APP 游戏排行榜第一名的游戏 Crossy Road 为范本，介绍如何在 Unity 中实现和完成。

先分析狗狗过街这个游戏的玩法和设计。这个游戏的逻辑和所应用的技巧有：

（1）画面创建。

（2）车子移动。

（3）车子自动产生。

（4）单击画面让主角往前、往右、往左移动。

（5）主角和车子的碰撞。

（6）摄影机的镜头跟随着主角。

（7）游戏分数显示。

完整的程序可以在 MyCrossyRoad 中取得，用户可以先看看，再依照下列步骤完成整个游戏。

STEP1：创建一个新的项目

参照 3.1 节创建一个全新的项目，如图 6-1 所示。

（1）将项目命名为 MyCrossyRoad，并选择项目要存储的位置。

（2）设置为 3D 游戏。

（3）单击 Create project 按钮。

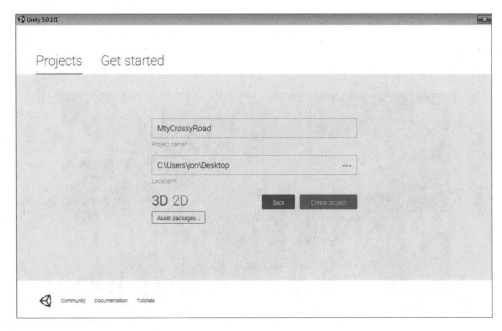

图 6-1　创建一个新的文件

STEP2：放入 3D 模型

如图 6-2 所示。

（1）在 Project 项目的 Assets 中添加一个文件夹，取名为 models，用来准备放置游戏的 3D 模型。可依照以下步骤设置：在 Project\Assets 的空白处右击，在弹出的快捷菜单中选择 Create|Folder 命令，就可以创建出一个文件夹，将其命名为 models。

（2）用鼠标拖拉的方法把光盘中的 3D 模型文件拉到 Assets\models 下，这样就可以把文件复制到项目的路径下。

① car1.fbx：汽车 1 3D 模型。

② car1.jpg：汽车 1 纹理图。

③ car2.fbx：汽车 2 3D 模型。

④ car2.jpg：汽车 2 纹理图。

⑤ dog.fbx：主角小狗 3D 模型。

⑥ dog.jpg：主角小狗纹理图。

⑦ tree2.fbx：树木 2 3D 模型。

⑧ tree2.jpg：树木 2 纹理图。

⑨ Clock.jpg：时钟图片。

⑩ coin.jpg：分数图片。

⑪ road1.jpg：马路的图片。

⑫ road2.jpg：公园的图片。

⑬ MyCrossyRoad.cs：主程序。

⑭ move.cs：汽车移动程序。

⑮ spwan.cs：产生汽车程序。

⑯ CameraFollow.cs：摄影机的镜头跟随着主角程序。

（3）系统会自动产生 Materials(材质)库。

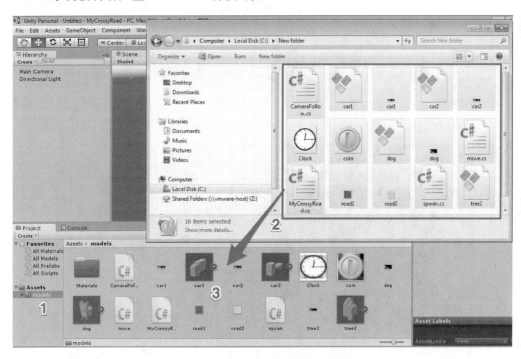

图 6-2　把 3D 模型等放到 Assets\models 路径

STEP3：加上马路后台

游戏中的马路要如何处理？这里加上一个平面，如图 6-3 所示，选择 GameObject|3D Object|Plane 命令新增一个平面来当成后台，并更换名称为 Road。

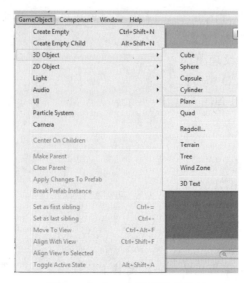

图 6-3　加上一个平面当成后台

STEP4：设置马路位置和尺寸

如图 6-4 所示。

（1）在 Inspector 窗口调整 Position（位置）为 0,0，0；Rotation（旋转）为 0，0，0；Scale（尺寸）为 25,1,25。

（2）把图片 road1.jpg 用鼠标拖拉的方法拉到这个平面上，如果成功,则会显示纹理图。

（3）修改纹理的 Tiling 值,这里将 x 设为 100,y 设为 100,意思是重复该纹理 100 次。

图 6-4　设置马路位置和尺寸

STEP5: 新增公园绿地

如图 6-5 所示。

(1) 游戏中的公园要如何处理？这里加上一个正方形,选择 GameObject | 3D Object | Box 命令新增一个正方形来当成公园,并更换名称为 Park。

(2) 在 Inspector 窗口调整 Position(位置)为 0,0, 0；Rotation(旋转)为 0, 0, 0；Scale(尺寸)为 100,0.2,2。

(3) 把图片 road2.jpg 用鼠标拖拉的方法拉到这个正方形上面,如果成功,则会显示纹理图。

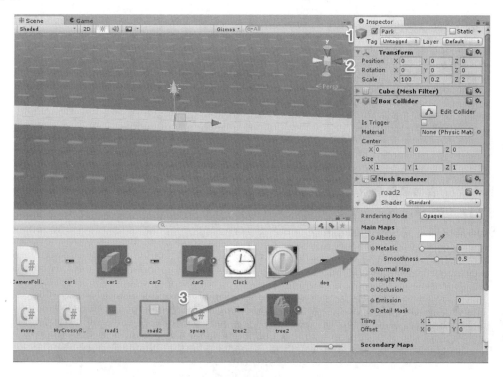

图 6-5　新增公园绿地

STEP6: 把主角模型放到游戏中

如图 6-6 所示。

(1) 把项目中的 dog.fbx 3D 模型文件展开。

(2) 选择 Pasted_bitmap 模型。

(3) 把该模型拖放到场景中。

(4) 在 Inspector 窗口中调整模型属性,设置名称为 dog；Position(位置)为 0, 0, 0；Rotation(旋转)为 0, 270, 0；Scale(尺寸)为 0.05,0.05,0.05。

(5) 把图片 dog.jpg 用鼠标拖拉的方法拉到这个模型上,如果成功,则会显示材质图。

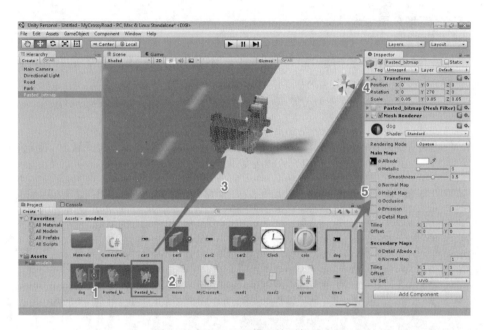

图 6-6　把 Straight 模型放到场景中

STEP7：存储游戏场景

选择 File|Save Scene 命令，并输入文件名称，在这里使用 part1 为文件名，完成之后单击 Save 按钮即可完成存储的动作。

运行游戏：

当前的游戏情况如图 6-7 所示。

图 6-7　当前游戏

教学视频：

为方便读者了解本节的内容，笔者特意录制了教学视频 unity5-crossyRoad-1-screen。

6.2 设置 3D 模型

先依照 STEP5 多创建几个公园绿地。

STEP8：把树木模型放到游戏中

如图 6-8 所示。

（1）把项目中的 tree.fbx 3D 模型文件展开,选择 tree_bitmap 模型,并把该模型拖放到场景中。

（2）把图片 tree2.jpg 用鼠标拖拉的方法拉到这个模型上,如果成功,则会显示材质图。

（3）在 Inspector 窗口中调整模型属性,设置名称为 Tree；Position(位置)为 2,0,6.83；Rotation(旋转)为 0,0,0；Scale(尺寸)为 0.1,0.1,0.1。

（4）这个游戏需要有碰撞的情况,所以需要设置这个树木是哪一个种类,单击属性上面的 Tag 旁边的三角形,选择 Add Tag,新增并且选择 Tag 种类为 tree。

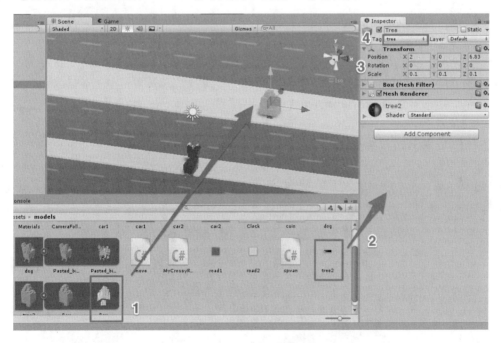

图 6-8 把 tree 模型放到场景中

STEP9：创建游戏对象群组 Group

如图 6-9 所示,创建一个空的 GameObject 游戏对象,方法是选择 GameObject|Create Empty 命令,并且更换名称为 Parks,并将此空的 GameObject 游戏对象位置属性修改为：Position(位置)为 0,0,0；Rotation(旋转)为 0,0,0；Scale(尺寸)为 1,1,1。

STEP10：设置游戏对象群组 Group

如图 6-10 所示，把刚刚创建的公园 Park 和树木 Tree 通过鼠标拖拉的方法拉到这个空白的 GameObject 上。

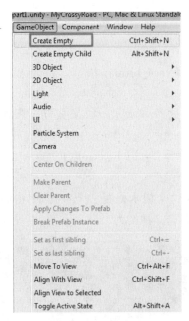

图 6-9　创建一个空的 GameObject 游戏对象　　　　图 6-10　设置游戏对象群组 Group

STEP11：设计游戏关卡

如图 6-11 所示，依照想法，选中树木，并用复制粘贴的功能在游戏中多摆放几个公园和树木来设计游戏难度。推荐每组公园创建一个群组 Group，这样方便以后的管理和重复使用，并且可以通过复制该群组 Group 创建多个公园。

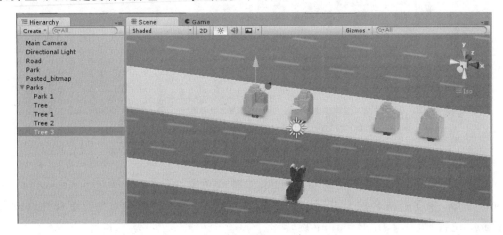

图 6-11　设计游戏关卡

STEP12：设置车子1

如图 6-12 所示，依照下列步骤设置第一个车子：

(1) 把项目中的 car1.fbx 3D 模型文件展开。

(2) 选择 Pasted_bitmap 模型，并把该模型拖放到场景中。

(3) 把图片 car1.jpg 用鼠标拖拉的方法拉到该模型上，如果成功，则显示材质图。

(4) 在 Inspector 窗口中调整模型属性：设置名称为 car1；Position(位置)为 0,0,4；Rotation(旋转)为 0,0,0；Scale(尺寸)为 0.05,0.05,0.05。

(5) 这个游戏需要有碰撞的情况，单击属性上面的 Tag 旁边的三角形，选择 Add Tag，新增并且选择 Tag 种类为 car，应注意大小写。

图 6-12　设置车子 1

因为要设置两个车子，所以设置完毕后，把它稍微移开一下。

STEP13：设置车子2

如图 6-13 所示，依照下列步骤设置第二个车子：

(1) 把项目中的 car2.fbx 3D 模型文件展开。

(2) 选择 Pasted_bitmap 模型，并把该模型拖放到场景中。

(3) 把图片 car2.jpg 用鼠标拖拉的方法拉到该模型上，如果成功，则显示材质图。

(4) 在 Inspector 窗口中调整模型属性：设置名称为 car2；Position(位置)为 0,0,3.54；Rotation(旋转)为 0,0,0；Scale(尺寸)为 0.05,0.05,0.05。

(5) 这个游戏需要有碰撞的情况，单击属性上面的 Tag 旁边的三角形，选择 Add Tag，新增并且选择 Tag 种类为 car，应注意大小写。

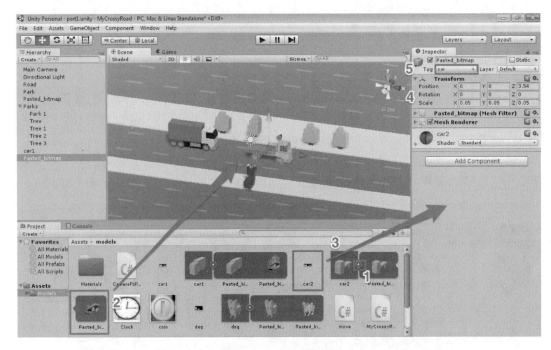

图 6-13　设置车子 2

运行游戏：

运行游戏如图 6-14 所示。

图 6-14　当前游戏的状态

教学视频：

为方便读者了解本节的内容，笔者特意录制了教学视频 unity5-crossyRoad-2-cars。

6.3 自动产生对象

现在通过以下的步骤来自动产生游戏中的汽车。

STEP14：新增 Prefab_car1 样本

如图 6-15 所示，产生一个新的 Prefab 预制游戏对象即可。在 Project\Assets 上右击，从弹出的快捷菜单中选择 Create|Prefab 命令，并且更换名为 Prefab_car1。

图 6-15 新增 Prefab_car1 样本

STEP15：定义 Prefab_car1 样本的内容

把刚刚设置好的汽车 car1 用鼠标拖拉的方法拖到 Prefab_car1 上面，如图 6-16 所示。

STEP16：新增 Prefab_car2 样本

依照 STEP14、STEP15，再为 car2 的游戏对象设置和定义 Prefab_car2 样本的内容，如图 6-17 所示。

STEP17：汽车产生的游戏对象

为了自动产生游戏中的汽车，创建一个空的 GameObject 游戏对象。方法是选择 GameObject|Create Empty 命令，并且更换名称为 spawanPoint，并将此空的 GameObject 游戏对象位置属性修改为：Position(位置)为 $-12,0,3$；Rotation(旋转)为 $0,0,0$；Scale(尺寸)为 $1,1,1$，如图 6-18 所示。

(1) 加上 spwan.cs 到这个游戏对象上。

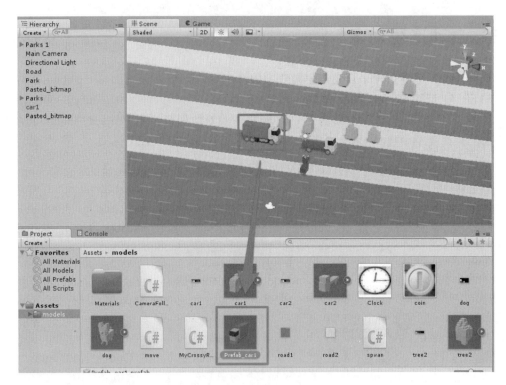

图 6-16　定义 Prefab_car1 样本的内容

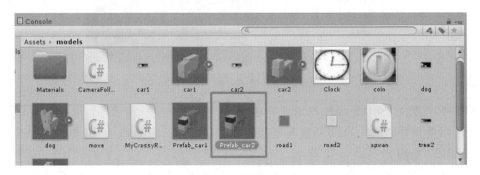

图 6-17　新增 Prefab_car2 样本

（2）调整 Spawn Time（出现的频率）为 3；Apple Reference（出现的对象）为刚刚所创建的汽车样本 Prefab_car1。

（3）把汽车样本 Prefab_car1 拖到 Apple Reference，这样程序引导的时候，就会每 3s 新增一次这个对象。

完成后，用同样的方法，针对 Prefab_car2 产生另外一辆汽车的游戏对象。

STEP18：调整 Prefab_car1 样本

为了让汽车可以移动，如图 6-19 所示，依照下列步骤设置：

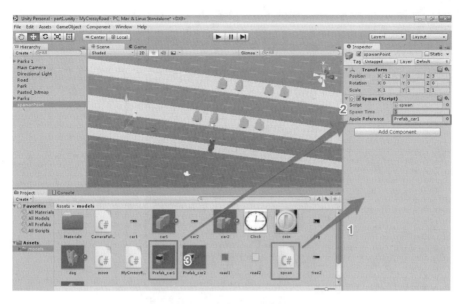

图 6-18 汽车产生的游戏对象

（1）选中汽车样本 Prefab_car1。

（2）把 move.cs 程序加到这个汽车样本上。

（3）调整程序的设置值：Move Speed(移动的速度)为 4；Move To(移动的位置)为 40，0,0；并选中 Is Desoty(是否销毁)复选框。

图 6-19 调整 Prefab_car1 样本

完成后,如图 6-20 所示,用同样的方法,设置 Prefab_car2 样本。

图 6-20　调整 Prefab_car2 样本

运行游戏:

运行游戏,因为程序的关系,会自动在马路上产生车子,现在游戏的状态如图 6-21 所示。

图 6-21　当前游戏的状态

教学视频:

为方便读者了解本节的内容,笔者特意录制了教学视频 unity5-crossyRoad-3-prefab-spwan。

6.4 主角控制

接下来通过以下的步骤和程序添加控制主角的动作。

STEP19:新增 GUISkin 设计外观

先处理画面上的菜单文字和颜色的式样,如图 6-22 所示。

(1) 在 Project 窗口下的 Assets 上右击。

(2) 选择 Create|GUI Skin 命令。

(3) 更换名称为 MyGUISkin。

STEP20:设置 MyGUISkin 设计外观

选中 MyGUISkin 设计外观,如图 6-23 所示,并且修改设置:

(1) 在 Label\Normal\Text Color 中自行挑选喜欢的颜色。

(2) 在 Label\Font Size 中自行设置合适的字体尺寸,这里推荐是 36。

图 6-22 增添 GUISkin

图 6-23 设置 MyGUISkin 设计外观

STEP21:调整主角 dog 游戏对象

为了让主角可以移动,如图 6-24 所示,依照下列步骤设置:

(1) 选中主角的游戏对象 dog。

（2）把 MyCrossyRoad.cs 程序加到这个主角上。

（3）调整程序的设置值：Move Speed（移动的速度）为 3；M Counter（计时）为 0；M Score（分数）为 0；Custom Skin（外观）为刚创建的 MyGUISkin 设计外观；Texture Clock （时钟计时的纹理）为 Clock.png 图片；Texture Score（计分的纹理）为 coin.png 图片。

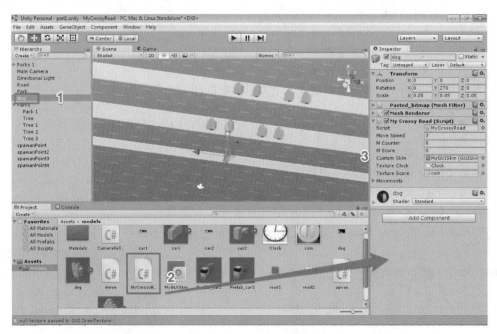

图 6-24　调整主角 dog 游戏对象

STEP22：创建主角碰撞

接下来要设置主角 dog 的碰撞。如图 6-25 所示，依照下列步骤设置：

（1）选择主角 dog 游戏对象。

（2）因为主角对地心引力会有反应，选择 Component|Physics|Rigidbody（物理刚体）命令，则会产生自由落体的效果。

（3）添加碰撞，即选择 Component | Physics | Box Collider（正方形碰撞）命令。

（4）调整 Box Collider（正方形碰撞）的参数：Center （中心点位置）为－14,13.5 ，－4.000001；Size（尺寸）为 29.0001,28,13。也就是说，用正方形把主角外观全部都包起来。

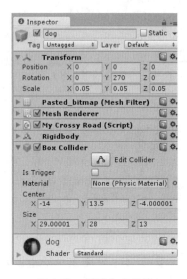

图 6-25　创建主角碰撞

STEP23:设置汽车 car1 的碰撞反应

Prefab_car1 样本因为碰撞的关系,如图 6-26 所示,需要设置反应:

(1)选中 Project 项目中的 Prefab_car1 样本。

(2)添加碰撞,即选择 Component|Physics|Box Collider (正方形碰撞)命令。

(3)调整 Box Collider (正方形碰撞)的参数:选中 Is Trigger 复选框,因为汽车是产生碰撞事件的游戏对象;Center(中心点位置)为-0.5,16,3.5;Size(尺寸)为 64,33,14。也就是说,用正方形把 Prefab_car1 样本外观全都包起来。

STEP24:设置汽车 car2 的碰撞反应

Prefab_car2 样本因为碰撞的关系,如图 6-27 所示,需要设置反应:

(1)选中 Project 项目中的 Prefab_car2 样本。

(2)添加碰撞,即选择 Component|Physics|Box Collider (正方形碰撞)命令。

(3)调整 Box Collider (正方形碰撞)的参数:选中 Is Trigger 复选框,因为汽车是产生碰撞事件的游戏对象;Center(中心点位置)为 2,13.5,3.5;Size(尺寸)为 59,28,14。也就是说,用正方形把 Prefab_car2 样本外观全都包起来。

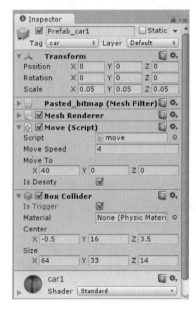
图 6-26 定义 Prefab_car1 样本碰撞

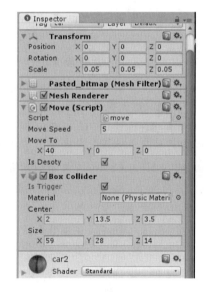
图 6-27 定义 Prefab_car2 样本碰撞

运行游戏:

至此运行游戏的时候,玩家可以用选中的方法移动主角,并且可以通过拨向右边、拨向左边来控制主角。主角就会因为地心引力的关系,掉落在地上,并且因为碰撞反应的关系,被车子撞倒时,会有 Game Over 的反应。当然是因为程序的关系,才会有这样的反应,如图 6-28 所示。

图 6-28　运行游戏

教学视频：

为方便读者了解本节的内容，笔者特意录制了教学视频 unity5-crossyRoad-4-Collider。

6.5　摄影机跟着主角

接下来要调整主要的摄影机，当主角狗狗在移动的时候，摄影机也会跟着移动，这样才不会跑出屏幕。在这里是通过程序设置要跟踪的目标，并且调整摄影机的位置。

STEP25：设置主要摄影机

在这里添加自己写的 C♯程序，程序的功能将在最后一节介绍。让摄影机跟着主角狗狗一起移动，如图 6-29 所示，依照以下步骤：

（1）选中 Main Camera（主要摄影机）。

（2）因为这个狗狗游戏的画面是斜向的，所以调整属性：Position（位置）为 0，1，−10；Rotation（旋转）为 80，340，0；Scale（尺寸）为 1，1，1。

（3）在 Main Camera（主要摄影机）中加上 CameraFollow.cs。

（4）设置 CameraFollow.cs 程序属性：Target（目标）为主角 dog；Relative Height（摄影机高度）为 15；Z Distance（深度）为 3；Damp Speed（摄影机移动速度）为 2。

STEP26：主角被撞反应

这时可以运行一下游戏，但是发现主角会被撞翻倒，并且控制上有困难。接下来要设置主角 dog 碰撞后，锁定不能旋转的反应，如图 6-30 所示，请依照以下步骤设置：

（1）选择主角 dog 游戏对象。

（2）在 Rigidbody（物理刚体）的参数中，选中 Freeze Rotation X、Y、Z 以关闭旋转的效果。

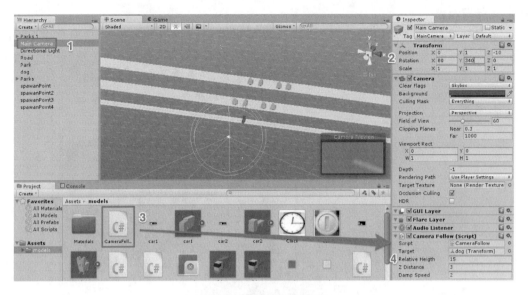

图 6-29 设置主要摄影机

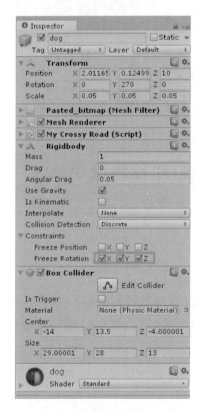

图 6-30 关闭旋转

运行游戏：

运行游戏，玩家可以用选中的方法移动主角，并且可以通过拨向右边、拨向左边来控制主角。主角就会因为地心引力的关系，掉落在地上，并且因为碰撞反应的关系，被车子撞倒时，会有 Game Over 的反应。当然是因为程序的关系，才会有这样的反应，如图 6-31 所示。

用户可以在游戏中自行摆放多个 Prefab_car1 样本和 Prefab_car2 样本，还可以添加公园和树木以增加游戏难度。

图 6-31　完整游戏

教学视频：

为方便读者了解本节的内容，笔者特意录制了教学视频 unity5-MyPickerGame-6-AssetStore-GameFinal-camera。

6.6　补充数据——游戏程序说明

本节比较适合有 C♯ 语言程序经验的读者来做高级学习，这里介绍本章所使用的程序语言到底在做什么事情。

1. 移动镜头

在该游戏中有个特别的功能：通过 CameraFollow.cs 依照目标的游戏对象调整并且跟随。这是通过 Transform position 来设置和取得游戏对象的 x，y，z 位置实现的。因为这个程序在第 5 章捡宝物游戏中用到过并且已有说明，所以详细情况可看第 5 章。

2. 车子移动

在狗狗逛街游戏中，车子的处理方法是很特别的，它是通过 move.cs 定时移动游戏对象。

样例程序中 MyCrossyRoad\Assets\models\CameraFollow.cs 的部分

```
1.   using UnityEngine;
2.   using System.Collections;
3.   public class move : MonoBehaviour {
4.     public float moveSpeed = 0.5f;
5.     public Vector3 MoveTo = new Vector3(-5,0,0);
6.     public bool isDesoty = true;
7.
8.     public void Awake() {                              //程序启动的处理
9.         Vector3 t1 = gameObject.transform.position;    //本身对象的位置
10.        t1.x = t1.x + MoveTo.x;                         //计算目的地的位置
11.        t1.y = t1.y + MoveTo.y;
12.        t1.z = t1.z + MoveTo.z;
13.        StartMove(t1);
14.    }
15.
16.    float startTime,duration;
17.    Vector3 startPoint,endPoint;
18.    public void StartMove(Vector3 endPoint) {
19.            startPoint = transform.position;
20.            this.endPoint = endPoint;                   //目的地
21.            duration = (endPoint - startPoint).magnitude/moveSpeed;
22.            startTime = Time.time;                      //现在时间
23.    }
24.    public void Update() {                             //每次更新时
25.            float time = Time.time - startTime;         //计算时间差
26.            transform.position = Vector3.Lerp(startPoint,endPoint,
                                    time/duration);        //依据时间移动到目标
27.            if(time > duration){
28.            if(isDesoty == true){
29.                Destroy(gameObject);                    //到目的地后删除对象
30.                }
31.            }
32.    }
33. }
```

3. 产生车子

在狗狗逛街游戏中,车子会不停地出现,这是通过 spwan.cs 定时新增游戏对象。
样例程序中 MyCrossyRoad \Assets\models\spwan.cs 的部分

```
1.   using UnityEngine;
2.   using System.Collections;
3.   public class spwan : MonoBehaviour {
4.     public float spawnTime = 3f;                       //多久产生一次新对象
5.     public GameObject appleReference;                  //新的游戏对象
```

```
6.      void Start () {                                          //初始化
7.          InvokeRepeating("SpawnFruit",spawnTime,
    spawnTime);                                                  //计时器
8.      }
9.      void Update () {
10.     }
11.     void SpawnFruit(){
12.         Vector3 t1 = transform.position;
13.         GameObject fruit = Instantiate(appleReference,t1 ,
                    Quaternion.identity) as GameObject;          //产生新的对象
14.     }
15. }
```

4. 碰倒车子和树木

在狗狗逛街游戏中,碰倒车子就会结束游戏,这是因为碰撞的反应程序的关系。

样例程序中 MyCrossyRoad\Assets\models\ MyCrossyRoad .cs 的部分

```
1.  …
2.      void OnTriggerEnter(Collider other) {                    //碰撞进入时
3.          EventOnTrigger(other);
4.      }
5.      void OnTriggerStay(Collider other) {                     //当产生碰撞时
6.          EventOnTrigger(other);
7.      }
8.      void EventOnTrigger(Collider other){                     //处理函数
9.          if(isGameOver == false){
10.             if(other.transform.tag == "car"){                //碰倒车子
11.                 lstNumbers.Clear();
12.         GetComponent < Rigidbody >().velocity = new Vector3(0,0,0);
13.                 GetComponent < Rigidbody >().isKinematic = true;
14.                 isMoving = false;                            //停止移动
15.                 isGameOver = true;                           //游戏结束
16.             }
17.             if(other.transform.tag == "tree"){               //碰倒树
18.                 lstNumbers.Clear();
19.                 GetComponent < Rigidbody >().velocity = new Vector3(0,0,0);
20.                 GetComponent < Rigidbody >().isKinematic = false;
21.                 isMoving = false;                            //停止移动
22.             }
23.         }
24. }
```

程序解说:

(1) 第 12~13 行:停止物理反应。

(2) 第19～20行: 停止物理反应。

5. 显示分数

在狗狗逛街游戏中,游戏中的分数、时间和游戏结束的显示。

样例程序中 MyCrossyRoad\Assets\models\MyCrossyRoad.cs 的部分

```
1.   …
2.   void OnGUI(){
3.       GUI.skin = customSkin;
4.       if (isGameOver == true) {                              //游戏结束显示
5.           int buttonWidth = 100;
6.           int buttonHeight = 50;
7.           int buttonX = (Screen.width - buttonWidth ) / 2;
8.           int buttonY = (Screen.height - buttonHeight ) / 2;
9.           if ( GUI.Button(new Rect( buttonX,buttonY,buttonWidth,
                   buttonHeight ),"Game Over" ) ){              //显示游戏结束
10.              Application.LoadLevel(Application.loadedLevelName);
11.          }
12.      }
13.      GUI.Label(new Rect( 80,25,100,60 ),mCounter.ToString() );      //时间
14.      GUI.Label(new Rect( Screen.width - 35,25,100,60 ),
                                        mScore.ToString() );           //分数
15.      GUI.DrawTexture(new Rect(10,10,60,60),TextureScore ,
                   ScaleMode.ScaleToFit,true,1.0F);                    //显示分数图
16.      GUI.DrawTexture(new Rect(Screen.width - 100,10,60,60),
             TextureClock,ScaleMode.ScaleToFit,true,1.0F);            //显示时间图
17. }
```

6. 玩家手势判断

在狗狗逛街游戏中,会由于用户的手势,让主角往前、往后、往右、往左移动,在这里先研究在程序中如何判断手势。

样例程序中 MyCrossyRoad\Assets\models\MyCrossyRoad.cs 的部分

```
1.   …
2.   void Update () {
3.       if(isGameOver == false){
4.           float t2 = Time.time - ClocKStartTime;
5.           mCounter = (int)t2;
6.           this.mScore = (int)gameObject.transform.position.z;
7.           Moving();
8.           if(isMoving == false){
9.               if(lstNumbers.Count > 0){
10.                  isMoving = true;
11.                  Vector3 t1 = (Vector3)lstNumbers[0];
```

```
12.                StartMove(t1);
13.                lstNumbers.RemoveAt(0);
14.             }
15.          }
16.       if (Input.GetMouseButtonDown(0)) {              //按下的一刹那
17.          fingerStart = Input.mousePosition;
18.          fingerEnd   = Input.mousePosition;
19.       }
20.       if(Input.GetMouseButton(0)) {                   //按下
21.          fingerEnd = Input.mousePosition;
22.          if(Mathf.Abs(fingerEnd.x - fingerStart.x) > tolerance ||
23.             Mathf.Abs(fingerEnd.y - fingerStart.y) > tolerance) {
24.             if(Mathf.Abs(fingerStart.x - fingerEnd.x) >
                Mathf.Abs(fingerStart.y - fingerEnd.y)) {  //左右处理
25.             if((fingerEnd.x - fingerStart.x) > 0){     //判断为右
26.                   movements.Add(Movement.Right);
27.                } else {                                //判断为左
28.                   movements.Add(Movement.Left);
29.                }
30.             }
31.             else {                                     //上下处理
32.                if((fingerEnd.y - fingerStart.y) > 0){
33.                movements.Add(Movement.Up);             //判断为上
34.                }else{
35.                movements.Add(Movement.Down);           //判断为下
36.                }
37.             }
38.             fingerStart = fingerEnd;                   //记录下来为下次判断用
39.          }
40.       }
41.       if(Input.GetMouseButtonUp(0)) {                 //放开的处理
42.          if((CheckForPatternMove(0,3,new List<Movement>()
             { Movement.Left,Movement.Left,
                            Movement.Left } )) == true){
43.             JumpTo(new Vector3(-2,0,0));              //主角往左跳
44.          }else if((CheckForPatternMove(0,3,
                            new List<Movement>()
             { Movement.Right,Movement.Right,
                            Movement.Right } )) == true){
45.             JumpTo(new Vector3(2,0,0));               //主角往右跳
46.       }else if((CheckForPatternMove(0,3,new List<Movement>()
          { Movement.Down,Movement.Down,Movement.Down } )) == true){
47.             Debug.Log("down");
48.             JumpTo(new Vector3(0,0,-2));              //主角往后跳
49.       }else{
50.             JumpTo(new Vector3(0,0,2));               //主角往前跳
```

```
51.            }
52.                    fingerStart = Vector2.zero;
53.                    fingerEnd = Vector2.zero;
54.                    movements.Clear();
55.            }
56.        }
57.    }
58.
59.    private bool CheckForPatternMove (int startIndex,
            int lengthOfPattern, List < Movement > movementToCheck) {
60.        if(lengthOfPattern > movements.Count){
61.            return false;
62.        }
63.        if(startIndex + lengthOfPattern > movements.Count){
64.            return false;
65.        }
66.        List < Movement > tMovements = new List < Movement >();
67.        for(int i = startIndex; i < startIndex + lengthOfPattern; i++){
68.            tMovements.Add(movements[i]);
69.        }
70.        return tMovements.SequenceEqual(movementToCheck);
71.    }
```

程序解说: 在该程序中, 当用户移动手指头的时候, 会比较上次的数据来决定是上下还是左右, 再通过 movements.Add 加入 List 数组。并且在手指放开后, 通过 CheckForPatternMove 判断按键移动的所有数据是否与判断中的数据一样, 以决定主角要跳到哪个位置。

7. 主角移动

在狗狗逛街游戏中, 会由于用户的手势, 让主角往前、往后、往右、往左移动, 在这里研究在程序中如何判断主角该怎样移动。

样例程序中 MyCrossyRoad\Assets\models\MyCrossyRoad.cs 的部分

```
1.  …
2.  public void JumpTo(Vector3 movePos){                         //跳到的位置
3.      endPointMath.x = endPointMath.x + movePos.x;
4.      endPointMath.y = endPointMath.y + movePos.y;
5.      endPointMath.z = endPointMath.z + movePos.z;
6.      lstNumbers.Add(endPointMath);                            //新的目的
7.  }
8.  void Update () {
9.      if(isGameOver == false){
10.         float t2 = Time.time - ClocKStartTime;               //计算时间差
11.         mCounter = (int)t2;
```

```
12.              this.mScore = (int)gameObject.transform.position.z;
13.              Moving();
14.              if(isMoving == false){
15.                  if(lstNumbers.Count > 0){
16.                      isMoving = true;
17.                      Vector3 t1 = (Vector3)lstNumbers[0];
18.                      StartMove(t1);
19.                      lstNumbers.RemoveAt(0);
20.                  }
21.              }
22.              ...
23.     }
24.     public void Moving() {                                        //计算移动
25.         float time = Time.time − startTime;
26.         if(time/duration < 1 && isMoving == true){
27.             Vector3 t1 = Vector3.Lerp(startPoint,endPoint,time/duration);
28.             float t2 = Mathf.Sin((time/duration) * 4);
29.             if(t2 < 0) t2 = 0;
30.         transform.position = new Vector3(t1.x,t1.y + t2,t1.z);    //改变位置
31.         }else if(isMoving == true){
32.             transform.position = Vector3.Lerp(startPoint,endPoint,
                                                  time/duration);     //改变位置
33.             isMoving = false;
34.         }
35. }
```

程序解说：

（1）第 27 行：用 Lerp 计算和改变主角中途的位置。

（2）第 28 行：通过 Sin 的方法，让主角的跳线呈现弧度。

6.7　摄影机的设置

　　大多数的游戏中镜头是不会移动的，在开始设计游戏的
时候，就必须先确定好摄影机的位置和角度，因为摄影机的
角度在开发的过程中只要有修改，则整个游戏甚至所写的程
序都需要调整和重写，会造成很多麻烦和大的困扰。推荐在
开发游戏之前，就先决定好摄影机的位置。Camera 摄影机
的属性还很多，如图 6-32 所示，本节会详细说明每个属性的
用途。

　　（1）View port Rect：拍摄后，显示在游戏中的位置。

　　（2）Clipping Planes Near 和 Far：远近距离，设置这个
摄影机拍摄的范围，离开这个范围游戏对象就不会被
拍摄。

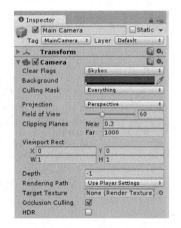

图 6-32　设置 Camera 摄影机的
Inspector 属性

> 经验谈：
> 　　如果摄影机的 Clipping Planes Near 和 Far 距离越大，Unity 就会花越多的时间计算，所以推荐如果在手机上，则可以减少这个范围，以便让游戏流畅度比较好。

6.7.1　设置摄影机的颜色

在摄影机的属性中，如果要调整后台的颜色，通过修改摄影机中的 Background 参数即可。Unity 原本设置的颜色是蓝色，如果要把它改成其他的颜色，在 Camera 上面有个选项，设置一下即可。将 Clear Flags 改为 Solid Color，后台就可以显示单一颜色，如图 6-33 所示。

图 6-33　Camera 摄影机的背景颜色

图 6-34　Camera 摄影机的 Culling Mask

6.7.2　设置指定和忽略某些游戏对象

在摄影机的属性中有个 Culling Mask，用来设置拍摄到哪些类型的对象会显示出来，也就是说可以调整 Culling Mask 来决定哪些内容拍在画面中，如图 6-34 所示。

6.7.3　分割画面

游戏中没有规定只能有一个摄影机，可以在游戏中使用多个摄影机，可以用在：

（1）多个摄影机来做多人游戏。

（2）画面多角度。

（3）一个处理菜单，一个处理游戏。

很多时候，可以用多个摄影机，然后把画面放在一起，达到多人一起玩游戏的效果。

例如，任天堂公司的玛莉欧赛车如图 6-35 所示。

图 6-35　任天堂公司的玛莉欧赛车

本节用实际的例子来实现画面的切割功能。

在任何游戏场景中,稍稍修改,就可达到多镜头的效果。

STEP1:新增一个摄影机

除了原本的 Main Camera 摄影机之外,通过选择 GameObject | Camera 命令新增摄影机,如图 6-36 所示。

STEP2:调整摄影机的画面尺寸

在 Main Camera 摄影机属性 View port Rect 中把 W 和 H 调整为小于 1 ,就可以有缩小的效果,如图 6-37 所示。

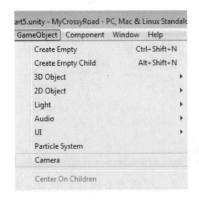

图 6-36　新增摄影机

图 6-37　设置摄影机的影像在游戏
　　　　　屏幕中的尺寸

运行效果:

此时运行游戏,可以看到游戏中的画面就像是左右分割的画面,如图 6-38 所示。

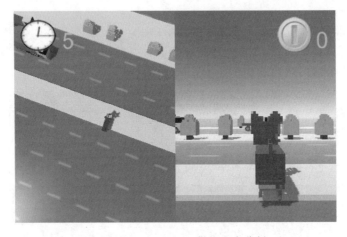

图 6-38　两个 Camera 做出左右分割

6.7.4　模糊效果

模糊效果只限于 Unity 3D Pro 版本才能用的功能，主要是处理摄影机的影像效果。可以通过选择 Assets|Import Package|Image Effects(Pro Only)来增添这个效果，如图 6-39 所示。

模糊是仅在 Unity Pro，所以基本的 Unity 版本不能使用该功能。其实除了它模糊之外，还有一大堆摄影机的效果，如变色或即时影像处理，有兴趣的读者可以一个一个试试看。一共有 31 种画面效果，如图 6-40 所示。

图 6-39　Blur Effect 效果属性

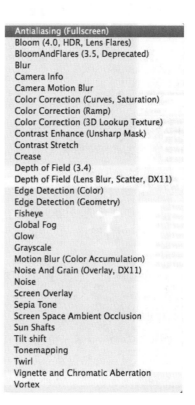

图 6-40　一共有 31 种画面效果

其中的六个运行效果如图 6-41 所示：

(1) 原本状态。

(2) Blue 模糊。

(3) Color Correction Curves。

(4) Contrast Enhance 清晰。

(5) Depth of Field 景深。

（6）Vortex Effect。

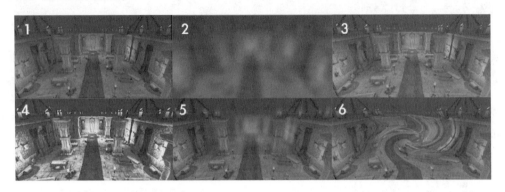

图 6-41　其中的六个画面效果

本章习题

1. 问答题

（1）如何为 Camera 所拍出的画面指定尺寸？

　　A．Viewport Rect　　　　　　　　　B．Position

　　C．Effect　　　　　　　　　　　　　D．Background

（2）Sprite Editor 的功能是什么？

　　A．处理 2D 图片　　B．灯光　　　　C．碰撞　　　　　D．以上皆是

（3）GUISkin 的功能是什么？

　　A．设置画面上的文字 GUI 外观　　　B．程序

　　C．碰撞　　　　　　　　　　　　　D．灯光

2. 实作题

（1）依照本章教学，修改游戏，多添加几个汽车和公园让游戏更加有趣。

（2）修改狗狗过街的游戏，成为自己想要的风格。

（3）在狗狗过街游戏中添加其他图片和游戏对象，以增加游戏画面的效果。

第 7 章

音乐与音效

（项目：音乐英雄游戏）

本章介绍如何在 Unity 中设计类似 Guitar Hero 吉他英雄的音乐类型的游戏。目标完成后的效果如图 7-0 所示。

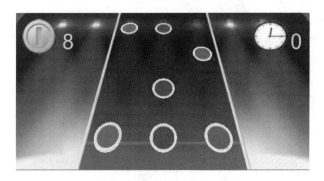

图 7-0　本章的目标完成图

7.1　圆柱纹理

介绍：

在这个章节中介绍如何在 Unity 中设计 3D 游戏，并且设计一款经典游戏青蛙过街，以 2015 年 APP 游戏排行榜第一名的游戏「Crossy Road」为范本，介绍如何在 Unity 实现和完成。

首先来分析狗狗过街这个游戏的玩法和设计，这个游戏的逻辑和所学习到的技巧有：

（1）画面创建

（2）车子移动

（3）车子自动产生

（4）点选画面让主角往前、往右、往左移动。

（5）主角和车子的碰撞。

（6）摄影机的镜头跟随着主角。

（7）游戏分数显示

完整的程序可以在 MyMusicHero 中取得，用户可以先看看，再依照下列步骤完成整个游戏。

STEP1：创建一个新的项目

参照 3.1 节创建一个全新的项目，如图 7-1 所示。

（1）将项目命名为 MyMusicHero，并选择要存储的位置。

（2）设置为 3D 游戏。

（3）单击 Create project 按钮。

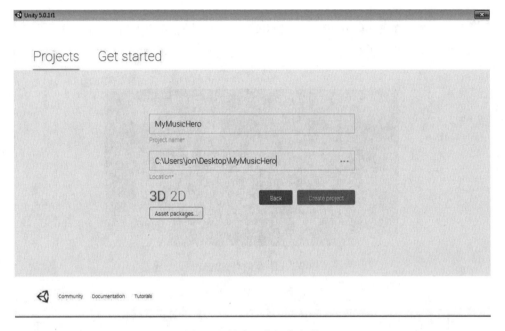

图 7-1　创建一个新的文件

STEP2：放入 3D 模型

（1）在 Project 项目的 Assets 中添加一个文件夹，取名为 models，用来准备放置游戏的 3D 模型。可依照下列步骤设置：在 Project\Assets 的空白处右击，在弹出的快捷菜单中选择 Create|Folder 命令，就可以创建一个文件夹，将其命名为 models。

（2）用鼠标拖拉的方法把光盘中的 3D 模型文件拉到 Assets\models 下，如图 7-2 所示，这样就可以把文件复制到项目的路径下。

① a1. mp3：音效 1。

② a2. mp3：音效 2。

③ a3. mp3：音效 3。

④ bgaudio. mp3：后台音乐。

⑤ bg2.psd：后台纹理图。

⑥ point1.psd：音乐点 1 纹理图。

⑦ point2.psd：音乐点 2 纹理图。

⑧ point3.psd：音乐点 3 纹理图。

⑨ Clock.jpg：时钟图片。

⑩ coin.jpg：分数图片。

⑪ MyMusicHero.cs：主程序。

⑫ move.cs：移动程序。

⑬ spwan_array.cs：产生音乐点的程序。

(3) 系统自动产生 Materials(材质)库。

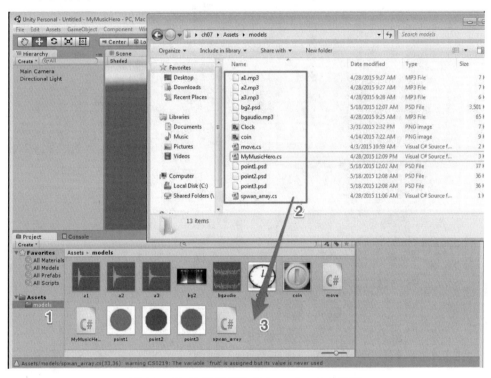

图 7-2　把 3D 模型等放到 Assets\models 路径

STEP3：加上绿色音乐点

游戏中的定点的音乐点要如何处理？这里加上一个圆柱。选择 GameObject | 3D Object | Cylinder 命令，如图 7-3 所示，新增一个平面来当成音乐点，并更换名称为 Cylinder_Green。

(1) 通过 Inspector 窗口，对位置属性等进行调整：设置 Position(位置)为 0,0,0；Rotation(旋转)为 0,0,0；Scale(尺寸)为 1,0.05,1。

(2) 把纹理图片 point2 用鼠标拖拉的方法拉到这个圆柱上，如果成功，则会显示纹理图，如图 7-4 所示。

图 7-3　加上一个圆柱

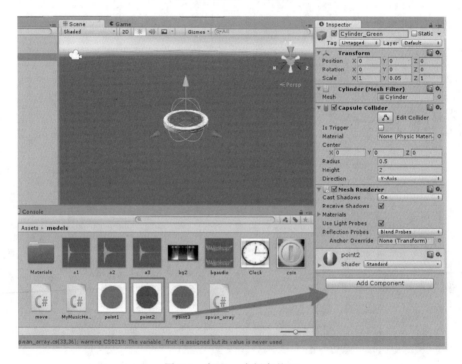

图 7-4　加上一个绿色纹理

STEP4：新增红色音乐点和蓝色音乐点

（1）同上一步骤，创建并设置红色音乐点，取名为 Cylinder_Red，并指定位置：Position（位置）为－2，0，0；Rotation（旋转）为 0，0，0；Scale（尺寸）为 1，0.05，1。把纹理图片 point1 用鼠标拖拉的方法拉到这个圆柱上，如果成功，则会显示纹理图，如图 7-5 所示。

（2）设置蓝色音乐点并取名为 Cylinder_Blue，并指定位置：Position（位置）为 2，0，0；Rotation（旋转）为 0，0，0；Scale（尺寸）为 1，0.05，1。把纹理图片 point3 用鼠标拖拉的方法拉到这个圆柱上，如果成功，则会显示纹理图，如图 7-6 所示。

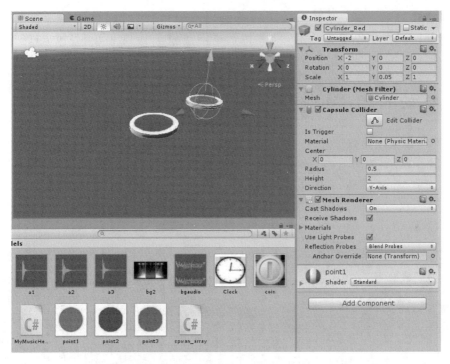

图 7-5 加上一个红色音乐点

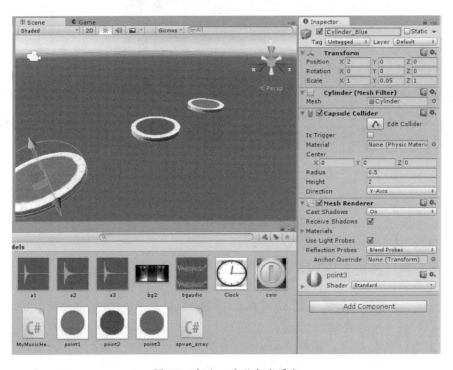

图 7-6 加上一个蓝色音乐点

教学视频：

为方便读者了解本节的内容，笔者特意录制了教学视频 unity5-MusicHero-1-MusicPoint_v2。

7.2　移动的 Prefab 样本

STEP5：设置主要摄影机

如图 7-7 所示，依照下列步骤设置主要摄影机：

（1）选中 Main Camera（主要摄影机）。

（2）因为这个画面是由上往下看的，所以调整属性：Position（位置）为 0，5，−1；Rotation（旋转）为 60，0，0；Scale（尺寸）为 1，1，1。

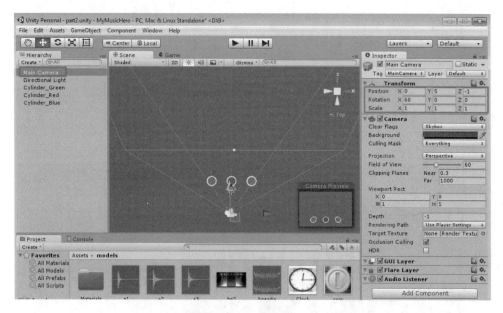

图 7-7　设置主要摄影机

STEP6：设置移动的音乐点

如图 7-8 所示，依照下列步骤设置移动的音乐点：

（1）复制 Cylinder_Green。

（2）更换名称为 GreenPoint。

（3）调整属性：设置 Position（位置）为 0，0.05，7；Rotation（旋转）为 0，0，0；Scale（尺寸）为 1，0.05，1。选中属性上面的 Tag 旁边的三角形，选择 Add Tag，新增并且选择 Tag 种类为 point，设置此游戏对象为 point。

（4）加上程序 move.cs，并且调整参数：

Move Speed（移动速度）为 2；Move to（移动到）为 0，0，−8；选中 Is Desoty 复选框。

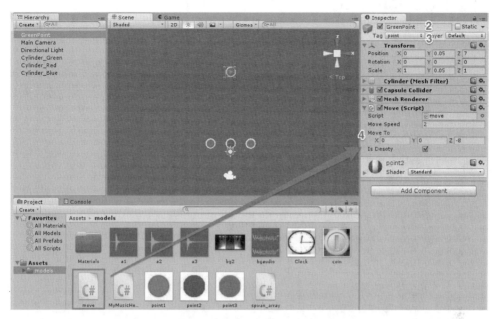

图 7-8　新增移动的绿色音乐点

同样地，设定红色音乐点并取名为 RedPoint，如图 7-9 所示，并且同上设定，只是修改 Position(位置)为－2，0.05，7。

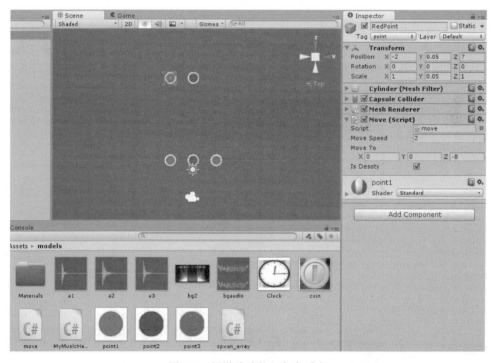

图 7-9　新增移动的红色音乐点

同样地,设定移动的蓝色音乐点并取名为 BluePoint,并且同上设定,如图 7-10 所示,只是修改 Position(位置)为 2,0.05,7。

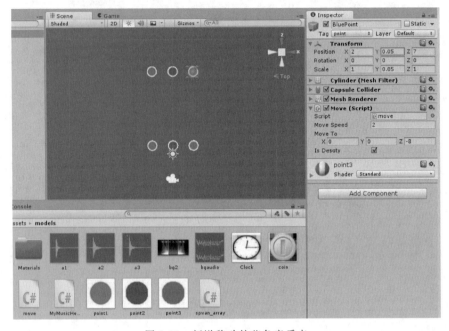

图 7-10　新增移动的蓝色音乐点

STEP7：新增 Prefab 样本

接下来产生一个新的 Prefab 预制游戏对象就可以了,如图 7-11 所示。在 Project\Assets 上右击,从弹出的快捷菜单中选择 Create|Prefab 命令,并且改名为 Prefab_Blue。

图 7-11　新增 Prefab 样本

STEP8: 定义移动的蓝色音乐点 BluePoint 样本

（1）把刚刚设定好的移动的蓝色音乐点 BluePoint 用鼠标拖拉的方法拖到 Prefab_Blue 上面，如图 7-12 所示。

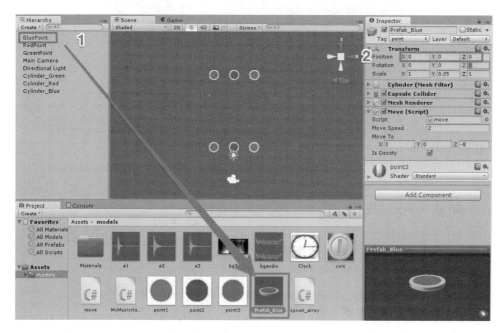

图 7-12　定义 Prefab_Blue 样本

（2）确认 Position(位置)为 0,0,0。

（3）用同样的方法，如图 7-13 所示，设置红色 Prefab_Red 和绿色 Prefab_Green 样本，注意要调整 Position(位置)为 0,0,0。

图 7-13　定义红色 Prefab_Red 和绿色 Prefab_Green 样本的内容

运行游戏：

运行游戏，当前的游戏情况如图 7-14 所示。

教学视频：

为方便读者了解本节的内容，笔者特意录制了教学视频 unity5-MusicHero-2-PreFab_v2.mov。

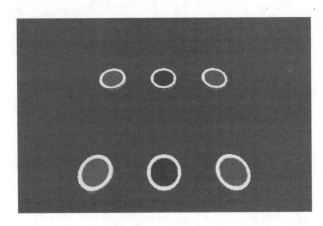

图 7-14　游戏当前效果

7.3　创建音乐产生点

STEP9：删除移动的三个颜色的音乐点

创建好样板后，就可以把移动的三个颜色的音乐点删除。先选择 RedPoint、GreenPoint、BluePoint，并且右击，从弹出的快捷菜单中选择 Delete 命令，如图 7-15 所示。

STEP10：创建红色音乐产生点

（1）创建一个空的 GameObject 游戏对象。如图 7-16 所示，选择 GameObject | Create Empty 命令，并且修改名称为 Spwan_Red。

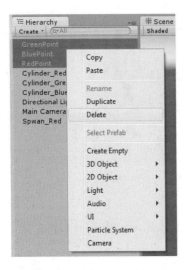

图 7-15　删除三个颜色的音乐点

图 7-16　创建一个空的 GameObject 游戏对象

(2) 修改 Spwan_Red 的 GameObject 游戏对象位置属性:Position(位置)为-2,0.05,7;Rotation(旋转)为 0,0,0;Scale(尺寸)为 1,1,1。

(3) 加 spwan_array.cs 到这个游戏对象上,如图 7-17 所示,并且调整:Spawn Time(出现的频率)为 1;Apple Reference(出现的对象)指向刚刚创建的音乐点样本 Prefab_Red,把音乐点样本 Prefab_Red 拖到 Apple Reference;M Color Int(颜色号码)为 0。

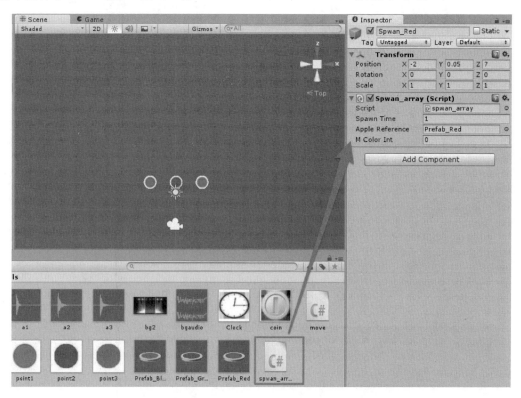

图 7-17　新增 spwan_array.cs 程序

STEP11:创建绿色音乐产生点

同上一步骤,创建绿色音乐产生点 Spwan_Green,如图 7-18 所示。几乎都一样,除了设置 Position(位置)为 0,0.05,7;M Color Int(颜色号码)为 1。

STEP12:创建蓝色音乐产生点

同上一步骤,创建蓝色音乐产生点 Spwan_Blue,如图 7-19 所示。几乎都一样,除了设置 Position(位置)为 2,0.05,7;M Color Int(颜色号码)为 2。

STEP13:设置主要摄影机

如图 7-20 所示,依照下列步骤在主要摄影机添加自己写的 C♯ 程序:

(1) 选中 Main Camera(主要摄影机)。

(2) 在 Main Camera(主要摄影机)中加上 MyMusicHero.cs。

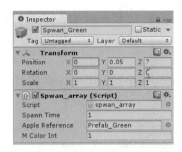

图 7-18　创建绿色音乐产生点

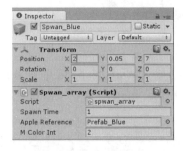

图 7-19　创建蓝色音乐产生点

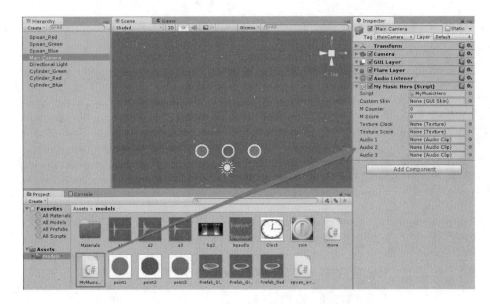

图 7-20　在 Main Camera(主要摄影机)中加上 MyMusicHero.cs

运行游戏:

当前的游戏情况如图 7-21 所示。

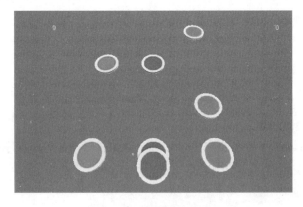

图 7-21　当前游戏情况

教学视频:

为方便读者了解本节的内容,笔者特意录制了教学视频 unity5-MusicHero-3-SpwanV2。

7.4　添加设计外观

STEP14:新增 GUISkin 设计外观

先处理画面上的菜单文字和颜色的式样,如图 7-22 所示。

(1) 在 Project 窗口下的 Assets 上右击。

(2) 选择 Create|GUI Skin 命令。

(3) 更换名称为 MyGUISkin。

图 7-22　增添 GUISkin

STEP15:设置 MyGUISkin 设计外观

选中 MyGUISkin 设计外观,如图 7-23 所示,并且修改设置:

(1) 在 Label\Normal\Text Color 中自行挑选喜欢的颜色。

(2) 在 Label\Font Size 中自行设置合适的字体尺寸,这里推荐是 36。

STEP16:设置主要摄影机

如图 7-24 所示,依照下列步骤添加自己写的 C♯程序:

(1) 选中 Main Camera(主要摄影机)。

(2) 设置 MyMusicHero.cs 程序属性:

① Script 为 MyMusicHero。

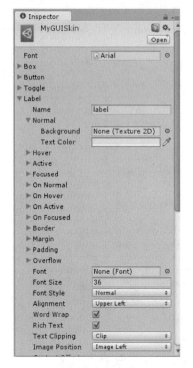

图 7-23 设置 MyGUISkin 设计外观

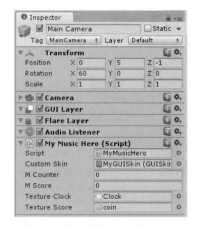

图 7-24 设置主要摄影机

② Custom Skin(外观)为刚创建的 MyGUISkin。

③ M Counter(计时)为 0。

④ M Score(分数)为 0。

⑤ Texture Clock(时钟计时的纹理)设置为 Clock.png。

⑥ Texture Score(计分的纹理)设置为 coin.png。

此时运行可以看到如图 7-25 所示的情况。

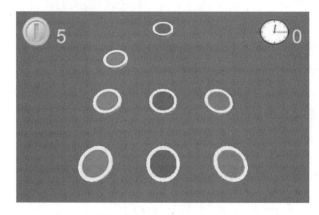

图 7-25 当前运行情况

STEP17:加上游戏后台

后台如何处理? 这里加上一个平面,如图 7-26 所示。

(1) 选择 GameObject|3D Object|Plane 命令新增一个平面来当作后台,并且取名为 BG。

(2) 在游戏后台的 Inspector 窗口调整位置属性等:Position(位置)为 0,0,2.6;Rotation(旋转)为 0,180,0;Scale(尺寸)为 1.8,1,1。

(3) 把图片 bg2 用鼠标拖拉的方法拉到这个平面上,如果成功,则会显示纹理图。

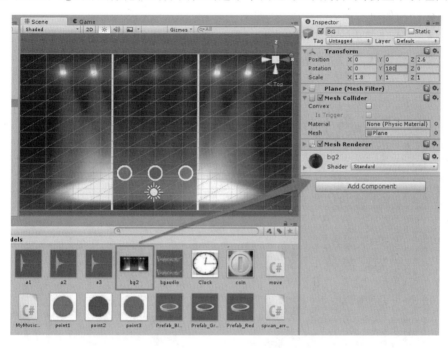

图 7-26　加上游戏后台

运行游戏:

运行游戏,现在游戏的状态如图 7-27 所示。

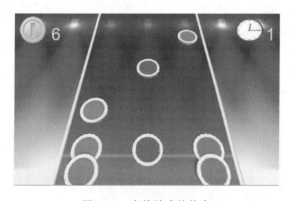

图 7-27　当前游戏的状态

教学视频：

为方便读者了解本节的内容，笔者特意录制了教学视频 unity5-MusicHero-4-BGv2。

7.5 添加音乐音效

STEP18：添加后台音乐

接下来介绍如何添加后台的音乐，如图 7-28 所示。

（1）选中 Main Camera（主要摄影机）。

（2）把音乐 bgaudio.mp3 拖到 Main Camera（主要摄影机）。

（3）选中 Loop（巡回播放音乐）复选框。

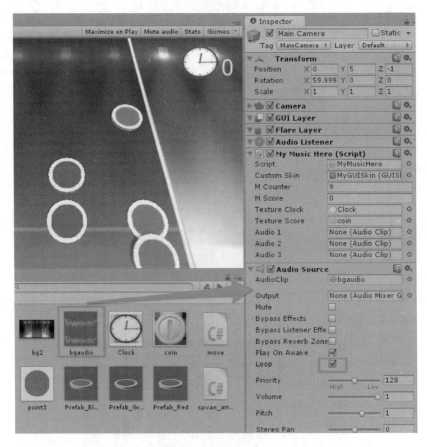

图 7-28　添加后台音乐

STEP19：添加音效

以音乐游戏来说，当点播到音乐点时，就会播出音效，这是通过程序来播放音乐，并且通过以下的动作来指定要播放的音乐文件，如图 7-29 所示。

（1）选中 Main Camera（主要摄影机）。

（2）把音乐 a1.mp3 拖到 Audio 1 参数上。

（3）把音乐 a2.mp3 拖到 Audio 2 参数上。

（4）把音乐 a3.mp3 拖到 Audio 3 参数上。

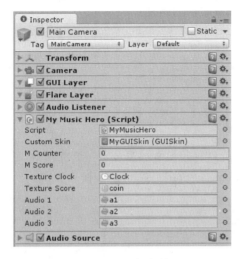

图 7-29　添加音效

运行游戏：

运行游戏，就可以看到完整的游戏情况，如图 7-30 所示。当玩家点播到音乐点时，就会播出音效并且加上 1 分。

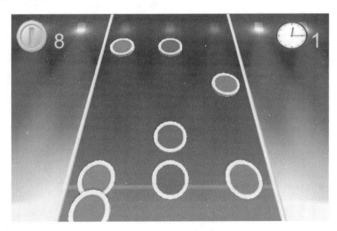

图 7-30　游戏的状态

教学视频：

为方便读者了解本节的内容，笔者特意录制了教学视频 unity5-MusicHero-5-AudioV2。

本章习题

1. 问答题

（1）以下哪一个是音乐接收器的组件？

    A. Light   B. Audio Listener

    C. Audio Source   D. Audio Reverb Zone

（2）如何设置音乐的后台重复播放？

    A. 选中 Loop   B. Play On Awake

    C. Volume   D. Priority

2. 实作题

（1）依照本章教学，为自己喜欢的音乐设计一个音乐游戏。

（2）修改音乐英雄的游戏，以达到自己想要的风格，并添加其他图片和游戏对象，以增加游戏画面的效果。

第 8 章

2D 游戏设计

（项目：射击游戏）

本章介绍如何在 Unity 中设计 2D 射击游戏，目标完成后的效果如图 8-0 所示。

图 8-0　本章的目标完成图

8.1　2D 图片 Sprite

本章介绍 Unity 工具版的新功能 2D 游戏设计方法，这里以 2D 射击游戏为样例，介绍如何设计横轴的射击游戏。

大致来说，横轴的射击游戏有两种设计方法。一种设计方法是摄影机镜头不会调整位置，然后游戏的后台自己移动，这就像是早期的电影开车的拍摄手法，主角坐在车子里面，后台一直走动。实际上，该方法比较符合游戏的设计概念，所有的东西通过程序来控制何时会出现怪兽和阻碍物。但是对很多初学者来讲，这样的设计方法比较难以想象。

第二种设计方法中，镜头跟着主角移动，实际上怪兽和后台在游戏开始之前都已经摆放好位置了。子弹的主角走过来，这种设计游戏的方法比较容易上手，所以本章用这样的方式。

完整的程序可以在 My2DGame 中取得,用户可以先看看,后面的步骤中会用到相关的一些 2D 模型。

STEP1：新增项目时选择 2D

创建一个全新的项目,如图 8-1 所示。

(1) 将项目命名为 My2DGame,并选择项目要存储的位置。

(2) 设置为 2D 游戏。

(3) 单击 Create project 按钮。

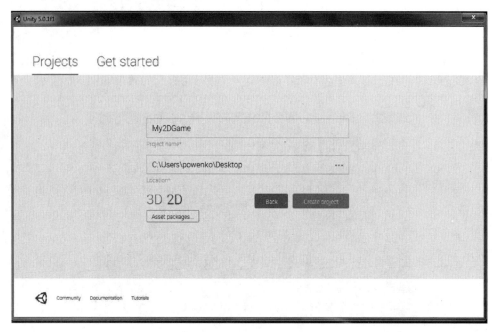

图 8-1　一个全新的 2D 项目

STEP2：后台图片设计

因为这是一个射击游戏,所以准备好一张天空的图片,如图 8-2 所示。

STEP3：无限循环后台

下面要处理图循环接缝的问题。先确认图片调整前的尺寸,如 1200×800。将图片调整一下,因为后面左右滚动这张天空的图片时会有接缝部分,如图 8-3 所示。

图 8-2　天空的图片

(1) 用绘图软件打开一张空白的图片,并且宽度是原来图片尺寸的 2 倍。这个空白的图片尺寸是 2400×800。

(2) 在左右两边把同一张图片放两次。

(3) 用绘图软件的涂抹功能把中间部分修饰一下,看起来没有接缝,如图 8-4 所示。

图 8-3　中间间隔的部分　　　　　图 8-4　图片中间看起来没有接缝

（4）把图片取中间，剪裁为原图片的尺寸 1200×800。这就是标准完美的图片接缝处理。

STEP4：把图片放到游戏中

把图片拖动到 Unity 的工作环境中的 Assets 下，如图 8-5 所示。

STEP5：设置图片种类为 Sprite

如图 8-6 所示。

（1）选中刚刚加入的图片。

（2）选择 Texture Type(纹理种类)为 Sprite，然后单击 Sprite Editor 按钮。

（3）选择整张图片。

（4）设置 Max Size 和 Format，推荐将 Format 设为 Turecolor，这样图片看起来比较漂亮而且没有压缩。

（5）完成后单击 Apply 按钮。

图 8-5　后台图片加到游戏中

图 8-6　设置图片种类为 Sprite

STEP6：新增一个 Sprite 游戏对象

新增一个游戏对象，选择 GameObject | 2D Object|Sprite 命令，如图 8-7 所示。

STEP7：修改这个天空 Sprite 游戏对象

选中刚刚形成的 Sprite 游戏对象，然后在属性窗口中修改，如图 8-8 所示。

（1）设置名称为 BackgroundSprite1。

（2）将 Sprite 的图片指向刚刚加进来的图片。

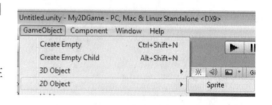

图 8-7　新增一个 Sprite 游戏对象

（3）设置 Position(位置)为 0,0,0；Rotation(旋转)为 0,0,0；Scale(尺寸)为 1.5,1.5,1。

图 8-8　修改这个天空 Sprite 游戏的对象

STEP8：形成整片天空

把刚刚设置好的天空后台复制4份，并且调整位置，使其看起来是连续的天空，如图8-9所示。复制的方法如下：

（1）在 Hierarchy 窗口中选择对象 BackgroundSprite1。

（2）选择 Edit|Copy 和 Edit|Paste 命令，则会看到多了一个对象出现在 Hierarchy 窗口，应复制4份。

（3）设置每个对象 BackgroundSprite 的位置，BackgroundSprite2 的 Position（位置）为18,0,0；BackgroundSprite3 的 Position（位置）为44,0,0；BackgroundSprite4 的 Position（位置）为54,0,0；BackgroundSprite5 的 Position（位置）为72,0,0。

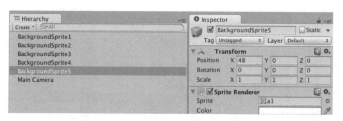

图 8-9　复制 4 份 BackgroundSprite

最后看起来如图8-10所示。

STEP9：绘图

接下来与美术合作，或者是自己画一些与游戏相关的对象。

如图8-11所示，其中有天空中的后台太阳、后台的云、主角的连续动作、金币、敌人的连续动作、子弹、等。

推荐用 png 的图片来表现。如果没时间绘制，可以在本书 CD 的项目中查找 items.psd。

图 8-10　一片天空

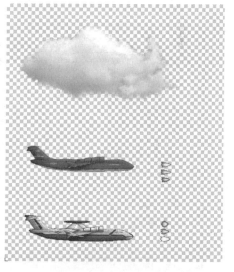

图 8-11　游戏中的对象

STEP10：把图片放到游戏中

把图片拖动到 Unity 的工作环境中 Assets，如图 8-12 所示。

STEP11：设置图片

对图片进行设置，如图 8-13 所示：

（1）设置 Texture Type（纹理库模式）为 Sprite。

（2）设置 Sprite Mode（纹理库的切割方法）为 Multiple（多样化的）。

（3）单击 Sprite Editor 按钮，以进行细节的调整。

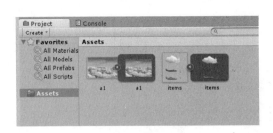

图 8-12　将对象加入到游戏中

图 8-13　对图片进行设置

STEP12：在 Sprite Editor 窗口设置

在 Sprite Editor 窗口中，用鼠标拖动的方法拉出一格一格的正方形在游戏图片上。并且设置名称，因为这些名称后面游戏中会用到，如图 8-14 所示。其中，后台的云为 cloud；主角的连续动作为 lead；敌人的连续动作为 enemy；子弹为 bullet1、bullet2、bullet3。

应大概地框住一个范围，如果处理得不好，之后还可以随时回来修改。

图 8-14　在 Sprite Editor 窗口设置

补充说明:

这里的纹理切割实际上有两种方法,如图 8-15 所示。一种是刚刚介绍的手动的方法。另外一种是通过 Sprite Editor 窗口左上角的 Slice 按钮,让系统自动分割或者是依照等比来切割画面。

STEP13:关闭 Sprite Editor 窗口

处理完毕可关闭此窗口。此时会自动产生切割出来的画面,如图 8-16 所示。

图 8-15　通过 Sprite Editor 窗口左上角的
　　　　Slice 按钮来切割画面

图 8-16　通过关闭窗口来产生切割的纹理

STEP14:产生切割的纹理

如果一切顺利,则会看到 items 纹理下有很多可以使用的子纹理,如图 8-17 所示。

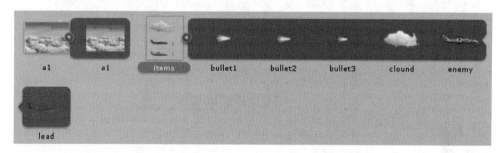

图 8-17　产生可以使用的子纹理

STEP15:新增一个 Sprite 游戏对象

新增一个游戏对象,选择 GameObject|2D Object|Sprite 命令,如图 8-18 所示,并且做以下设置:

(1) 设置 Name(名称)为 cloud_sprite1。

(2) 设置 Position(位置)为-3,2,0。

(3) 将 Sprite 纹理设为 clound 的子纹理。

(4) 将 Order in Layer 设为 0。意思是说该对象比底图还是会高一点,不会发生后台遮住云的状况。

STEP16:多加几片云

同样的动作多做几次,来增加云的对象在游戏上。因为等一下会用程序来控制云的移

图 8-18　Sprite 的设置

动，所以这里把云对象取名为 cloud_sprite2～cloud-sprite5，调整位置、尺寸，并且设置不同的云的纹理，如图 8-19 所示。

图 8-19　复制云并放在游戏中

运行游戏：

运行一下游戏，可以看到云的后台，当前游戏画面如图 8-20 所示。

图 8-20　当前游戏

教学视频：

完整教学程序可以在 unity5-2DShootingGame-1-Sprite 中取得。

8.2 2D 物理和动画处理

STEP17：新增一个 Sprite 游戏对象当成主角

新增一个游戏对象，选择 GameObject｜2D Object｜Sprite 命令，取名 player_Sprite，并设置如图 8-21 所示。

图 8-21 Sprite 的设置

STEP18：在 player_Sprite 主角上添加

选择主角 player_Sprite，如图 8-22 所示，选择 Component｜Physics 2D｜Rigidbody2D 命令增加 2D 物理工作，Rigidbody 2D 的地心引力的效果。如果想让主角不受地心引力的影响而掉落，可把 Rigidbody 2D 中的参数 Gravity Scale 改为 0 即可。

选择 Component｜Physics 2D｜Box Collider 2D 命令，用来进行碰撞的判断，如图 8-23 所示。

STEP19：新增 Sprite 游戏对象当成子弹和怪兽

依照新增主角的办法，新增两个 Sprite 游戏对象，分别当成敌人和子弹，如图 8-24 所示。

（1）怪兽命名为 enemy_Sprite。

（2）子弹命名为 bullet_Sprite，并将 Rigidbody 2D 中的参数 Gravity Scale 改为 0，如图 8-25 所示。

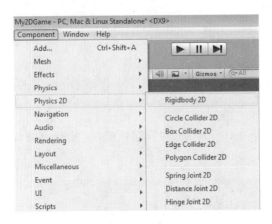

图 8-22　增加物理反应

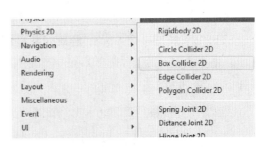

图 8-23　增加 Box Collider 2D 以判断碰撞

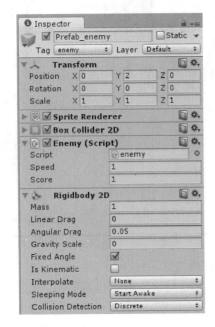

图 8-24　怪兽 enemy_Sprite

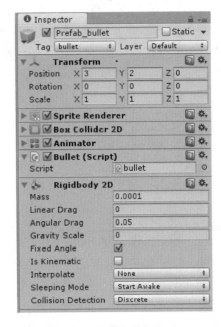

图 8-25　子弹 bullet_Sprite

STEP20：控制子弹动画

选择主角，再选择 Windows|Animation 来制作动画，如图 8-26 所示。

第一次使用它，单击红色的录影按钮，系统会询问存储的位置和文件名，此时可自行定义一个文件名。

（1）选中 Assets 中的 2D 图片中的三角形，来展开 splite 图片。

（2）依序把主角的动画一个一个用拖拉的方法拉到动画上。

（3）调整每张图片显示的时间。

（4）可以通过三角形播放效果，然后单击一次红色录影按钮，关闭 animation 窗口。

这时就可以看到主角在游戏运行时拍动翅膀的动画了。如果动画有制表符或者动画摆放的样子不理想，可以回到 Sprite Edit 重新调整 Sprite 尺寸与位置，如图 8-27 所示。

运行游戏：

运行一下游戏，可以看到游戏中的人物和子弹的动画，当前游戏画面如图 8-28 所示。

教学视频：

完整教学视频可以在 unity5-2DShootingGame-2-SpriteAnimation 中取得。

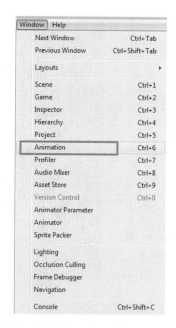

图 8-26　选择 Window|Animation

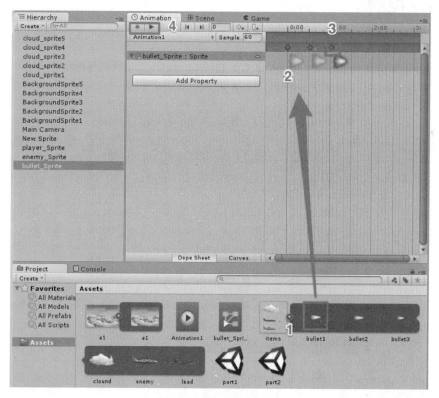

图 8-27　控制子弹动画

图 8-28　当前游戏

8.3　2D 控制

STEP21：控制主角移动

在 Assets 窗口中添加一个 gamc.cs C♯程序，此程序也可从样例程序中找到。把它加到游戏的主角 player_Sprite 上，如图 8-29 所示。

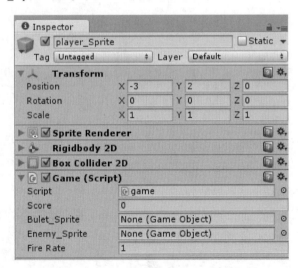

图 8-29　增加 game.cs 并将其加到主角上

STEP22：控制怪兽 enemy_Sprite

如图 8-30 所示。

(1) 在 Assets 窗口中找到 enemy.cs 程序。

(2) 把它加到游戏中的怪兽 enemy_Sprite 上。

(3) 因为怪兽是会攻击主角的,所以选中在怪兽上面的 Box Collider 2D 的 Is Trigger 复选框,意思是说怪兽攻击主角时会产生触发事件。

(4) 新增 Tag 种类,并设置为 enemy。

STEP23：控制子弹 bullet_Sprite

如图 8-31 所示。

(1) 在 Assets 窗口中找到 bullet.cs 程序。

(2) 把它加到游戏中的子弹 bullet_Sprite 上。

(3) 因为子弹会攻击怪兽,所以选中在子弹上面的 Box Collider 2D 的 Is Trigger 复选框,意思是说子弹攻击怪兽时会产生触发事件。

图 8-30　控制怪兽

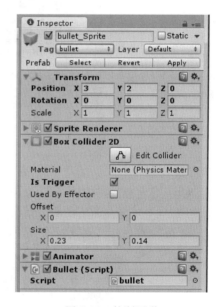

图 8-31　控制子弹

STEP24：新增 Prefab 样本

在 Assets 上右击,新增两个 Prefab 样本,如图 8-32 所示,并分别取名为 bullet_Sprite_prefab、enemy_Sprite_prefab。把 Hierarchy 上面刚刚修改好的 bullet_Sprite 和 enemy_Sprite 拖拉到各自的 Prefab 样本上。

STEP25：控制子弹的移动

指定好主角 game.cs 中的公开变量,选中主角 player_Sprite,如图 8-33 所示。

图 8-32　增加怪兽和子弹
的 Prefab 样本

（1）GameObject bullet_Sprite 指向子弹的 bullet_Sprite_Prefab 样本。

（2）GameObject enemy_Sprite 指向子弹的 enemy_Sprite_Prefab 样本。

（3）Fire Rate 的功用是每个子弹相隔几秒才会再出现，数字越小，子弹出现的越多。

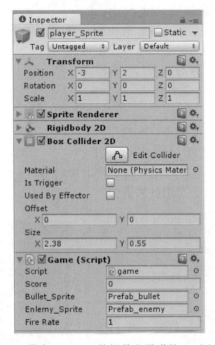

图 8-33　指定 game.cs 的怪兽和子弹的 Prefab 样本

运行游戏：

至此几乎是完整的射击游戏，玩家可以用键盘的上下左右键移动主角，并且可以通过 Ctrl 键发射飞弹，并且因为碰撞反应的关系，打中敌人时就会获得 1 分，但如果主角被敌人撞倒，则会有 Game Over 的反应。当然，这些动作是因为程序的关系。游戏运行情况如图 8-34 所示。

图 8-34　完整的 2D 游戏运行情况

教学视频：

完整教学程序可以在 unity5-2DShootingGame-3-final 中取得。

8.4 补充数据——游戏程序说明

本节比较适合有 C♯ 语言程序经验的读者来学习。

控制主角移动：

修改程序来控制主角的移动。

范例程序中 My2DGame\Assets\game．cs 仅显示部分程序

```
1.        private Vector2 movement;
2.    void Update()
3.    {
4.    //取得玩家的输入
5.        float inputX = Input.GetAxis("Horizontal");
6.         float inputY = Input.GetAxis("Vertical");   //透过时间调整移动速度
7.         movement = new Vector2(
8.                          speed.x * inputX * Time.deltaTime,
9.                          speed.y * inputY * Time.deltaTime);
10.   }
11.   void FixedUpdate()
12.   {
13.       rigidbody2D.velocity = movement;
14. }
```

程序解说：

（1）第 6-7 行：取得玩家的输入。

（2）第 9-11 行：透过时间调整移动的速度。

（3）第 17 行：施加力量给主角。

发射子弹的动作通过以下的程序实现。这里用时间来增加游戏的难度，用戶只能在一段时间内发射一颗子弹。

范例程序中 My2DGame\Assets\game．cs 仅显示部分程序

```
1.   public GameObject bullet_Sprite;
2.   void Update()
3.   {
4.                    …
5.                //按下攻击按键时发射子弹
6.       if (Input.GetButton ("Fire1") && Time.time > nextFire) {
7.     nextFire = Time.time + fireRate;       //计算下回可以发射子弹的时间
```

```
8.              GameObject clone   = Instantiate(bulet_Sprite,
9.                        transform.position,transform.rotation) as GameObject;
10.        clone.name = "bulet_Sprite";
11.        }
12. }
```

程序解说：

（1）第 6 行：按下攻击按键。

（2）第 7 行：计算下一次可以发射子弹的时间。

（3）第 8 行：动态增加一个游戏物件 bulet_Sprite。

（4）第 9 行：把新增加的游戏物件取名为"bulet_Sprite"。

显示分数和胜败

这里通过 game.cs 在 OnGUI 上面显示分数。

范例程序中 My2DGame\Assets\game.cs 仅显示部分程序

```
1.  public int Score = 0;                          //公开整数变量,用来显示分数
2.  void OnGUI(){
3.      if(Score < 0){
4.         GUI.Label (new Rect (10,10,100,20),"Game Over");     //显示失败
5.      }else{
6.         GUI.Label (new Rect (10,10,100,20),"Score:" + Score);  //显示分数
7.      }
8.  }
```

程序解说：

（1）第 1 行：公开整数变量,用来显示分数。

（2）第 3-4 行：显示分数,如果为负,显示失败。

（3）第 5-6 行：显示分数。

控制子弹的移动：

子弹出现的时候,就发射出去,并在 1.2 秒后消失。

范例程序中 My2DGame\Assets\ bullet .cs 仅显示部分程序

```
1.  using UnityEngine;
2.  using System.Collections;
3.
4.  public class bullet : MonoBehaviour {
5.    void Start () {
6.        rigidbody2D.velocity =   new Vector2(10,0);      //发射出去
7.        Destroy(gameObject,1.2f);                        //并在 1.2 秒后消失
8.     }
9.  }
```

程序解说：

(1) 第 5 行：启动时，就会呼叫 Start 的事件。

(2) 第 6 行：发射出去，施加力量给子弹。

(3) 第 7 行：并在 1.2 秒后消失。

敌人的程序控制

范例程序中 My2DGame\Assets\ enemy . cs 仅显示部分程序

```csharp
1.  //柯博文老师 www.powenko.com
2.  using UnityEngine;
3.  using System.Collections;
4.
5.  public class enemy : MonoBehaviour {
6.    public float speed = 1f;                          //移动速度
7.    public int  score = 1;
8.    void Update () {                                  //敌人移动
9.        Vector3 t_position = gameObject.transform.position;
10.       t_position.x = t_position.x - (speed * Time.deltaTime);
11.       gameObject.transform.position = t_position;
12.   }
13.   void OnTriggerEnter2D (Collider2D other) {         //碰撞产生时
14.       if(other.gameObject.name == "player_Sprite"){  //如果是主角
15.           FunSetScore( - 1);
16.       }else if(other.gameObject.name == "bulet_Sprite"){  //碰到子弹
17.           FunSetScore(score);
18.           Destroy(other.gameObject);
19.       }
20.       Destroy(gameObject);
21.   }
22.   void FunSetScore(int t_num){                       //设定 game.cs 中的 Score 变数资料
23.           GameObject t_player_Sprite =
                            GameObject.Find("player_Sprite");
24.       if(t_player_Sprite!= null){
25.       game t_game = t_player_Sprite.GetComponent< game >();
26.           if(t_num ==- 1){
27.               t_game.Score =-1;
28.           }else{
29.               t_game.Score++;
30.           }
31.       }
32.   }
33. }
```

程序解说：

（1）第 10-13 行：怪兽移动，计算依照时间差移动怪兽的位置。

（2）第 17 行：碰撞产生时。

（3）第 18-19 行：当碰撞主角时，设定分数是－1 。

（4）第 20-22 行：当碰撞子弹时，设定分数是＋1 。

（5）第 24 行：子弹消失。

（6）第 26-36 行：设定 game.cs 中的 Score 变数资料。

控制主角的移动

基本的游戏已经出来了，再调整一下 game.cs，使得：

（1）镜头定时地往右移动，成为射击游戏的效果。

（2）主角不能飞出游戏范围。

（3）游戏一开始，自动产生怪兽。

主角不能飞出游戏范围，我们可以在移动主角的位置时，强迫返回指定的位置。

范例程序中 sample\ch14\My2DGame\Assets\game . cs 仅显示部分程序

```
1.   void Update(){
2.          …
3.          Fun_MoveCamera();
4.   }
5.   void Fun_MoveCamera(){
6.          if(mMainCamera!= null){
7.   Vector3 tMainCameraVector3 = mMainCamera.gameObject.transform.position;
8.   Vector3 tgameObjectaVector3 = gameObject.transform.position;
9.     tMainCameraVector3.z =－8;
10.    float t1 = tMainCameraVector3.x;
11.          t1 = t1 + (CameraSpeed ＊Time.deltaTime);
12.    tMainCameraVector3.x = t1;
13.    tMainCameraVector3.y = tgameObjectaVector3.y;
14.    mMainCamera.gameObject.transform.position =
                                        tMainCameraVector3;
15.        }
16. }
```

程序解说：

（1）第 5-15 行：调整摄影机的镜头位置。

（2）第 11 行：依照时间调整位置。

主角不能飞出游戏范围，我们可以在移动主角的位置时，强迫返回指定的位置。

范例程序中 My2DGame\Assets\game . cs 仅显示部分程序。

```
1.   void FixedUpdate()
2.   {
```

```
3.      rigidbody2D. velocity = movement;
4.      Vector3 tgameObjectaVector3 = gameObject. transform. position;
5.      if(tgameObjectaVector3. y > 3.3f){          //当主角高过一定范围时
6.      tgameObjectaVector3. y = 3.3f;               //强制拉回来
7.          }
8.      if(tgameObjectaVector3. y < - 2.9f){         //当主角低过一定范围时
9.      tgameObjectaVector3. y = - 2.9f;             //强制拉回来
10.         }
11.
12. Vector3 tMainCameraVector3 = mMainCamera. gameObject. transform. position;
13.     if(tgameObjectaVector3. x > (tMainCameraVector3. x + 3.8f)){   //画面
14.     tgameObjectaVector3. x = (tMainCameraVector3. x + 3.8f);
15.         }
16.     if(tgameObjectaVector3. x < (tMainCameraVector3. x - 6f)){
17.     tgameObjectaVector3. x = (tMainCameraVector3. x - 6f);
18.         }
19.     gameObject. transform. position = tgameObjectaVector3;
20. }
```

程序解说：

（1）第 5-6 行：当主角高过一定范围时,强制拉回来。

（2）第 8-9 行：当主角低过一定范围时,强制拉回来。

（3）第 13-18 行：因为镜头是定时移动,所以要避免主角跑出银幕。

游戏开始时,产生 40 个怪兽,并且用乱数产生位置,因为左右的关系,所以需要选转 90 度。

范例程序中 My2DGame\Assets\game . cs 仅显示部分程序

```
1.  public GameObject enemy_Sprite;
2.  void Start () {
3.          mMainCamera = GameObject. Find("Main Camera");
4.      for(int i = 0;i < 40;i++){
5.              Vector3 position = new Vector3(Random. Range(5.0f,52.0f),
6.  Random. Range(3.3f, - 2.5f),0);
7.      GameObject enemy  = Instantiate(enemy_Sprite,position,
8.      Quaternion. identity )  as GameObject;
9.          enemy. transform. Rotate(0,180f,0);
10.     }
11. }
```

程序解说：

（1）第 4 行：产生 40 个怪兽。

（2）第 5 行：乱数算位置。

（3）第 6 行：产生怪兽。

（4）第 7 行：转 180 度。

本章习题

1. 问答题

（1）2D Sprite 组件的功用是什么？

    A. 处理 2D 图片   B. 灯光   C. 碰撞   D. 以上皆是

（2）选择 Window|Animation 的功能是什么？

    A. 设计动画   B. 程序   C. 碰撞   D. 动作

2. 实作题

（1）依照本章教学，修改游戏，多添加几个敌人和云让游戏更加有趣。

（2）修改本章的游戏，以达到自己想要的风格，并添加其他图片和游戏对象，以增加游戏画面的效果。

第 9 章　操作输入控制

（项目：苹果忍者游戏）

本章介绍如何在 Unity 中设计类似苹果忍者的游戏，完成目标后的效果如图 9-0 所示。

图 9-0　本章的目标完成图

9.1　3D Max 模型的输出

本章介绍如何开发在手机界有名的应用软件 APP 苹果忍者这款游戏。

先来分析该游戏的玩法和设计。该游戏中会看到 3D 的水果往上抛，因为物理的地心引力的关系会往下掉，这时用户便可以在屏幕上通过选中和拖动的方法，这是所谓的挥刀的感觉，并且通过程序在路径上面显示出挥刀的图片。当手指头点到水果时，游戏就会加分，并且显示出果汁的效果。

该游戏需要用到的对象和技巧是：

（1）3D 模型处理——苹果。

（2）用户动作处理——选中和拖动的方法。

（3）挥刀效果。

（4）碰撞处理。

（5）Unity 的程序——显示分数和时间。

STEP1：创建 3D 水果模型

通过 3D Max 事先创建好 3D 水果模型，如图 9-1 所示。在 3D Max 上创建模型的方法可以参考相关书籍。

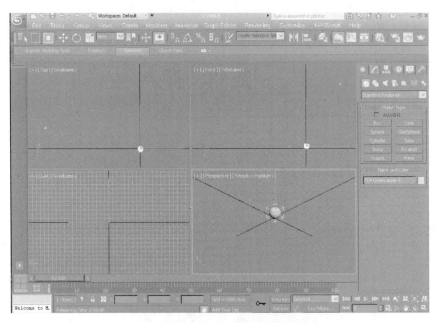

图 9-1　在 3D Max 中创建一个水果模型

STEP2：输出 3D 模型

当创建好模型后，如图 9-2 所示，可以通过以下的方法输出模型到 Unity 上。

（1）选择模型。

（2）在 3D Max 上选择 Export\Export Selected。

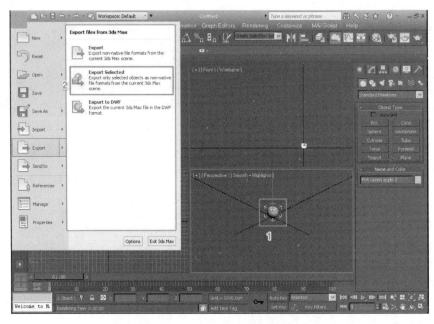

图 9-2　在 3D Max 中输出模型

STEP3：存储文件

接下来要存储文件，先确认扩展名为 FBX，如图 9-3 所示。

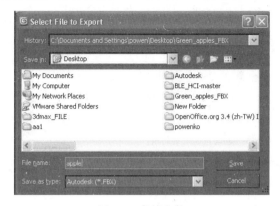

图 9-3 存储文件

STEP4：设置 FBX

接下来在设置窗口中依照实际的模型，如图 9-4 所示，选定以下选项：

(1) Animation：动作输出。如果模型没有设计动画，则可以把这个选项去掉。如果有动画效果，则 Unity 可以支持 3D Max 的动画。

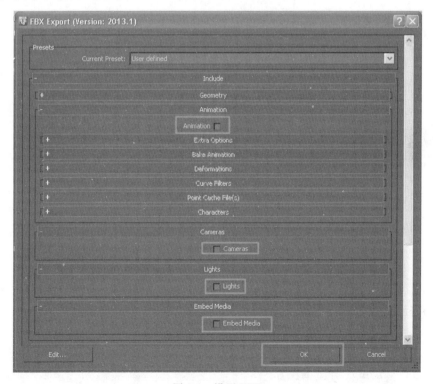

图 9-4 设置 FBX

（2）Cameras：摄影机。一般来讲模型是不用摄影机的。

（3）Lights：灯光。

（4）Embed Media：多媒体的效果。

完成之后单击 OK 按钮就可以完成输出。

STEP5：创建一个新的项目

参照 3.1 节创建一个全新的项目，如图 9-5 所示。

（1）将项目命名为 MyAppleNinja，并选择项目要存储的位置。

（2）设置为 3D 游戏。

（3）单击 Create project 按钮。

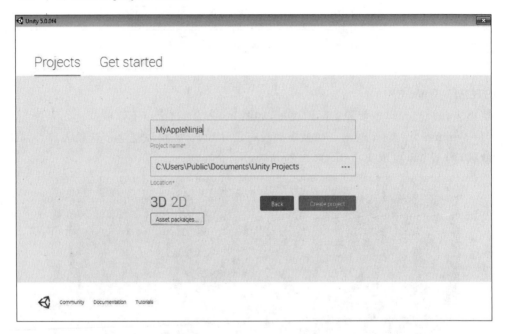

图 9-5　创建一个新的项目

STEP6：放入 3D 模型

（1）在 Project 项目的 Assets 中添加一个文件夹，取名为 models，用来准备放置游戏的 3D 模型。可依照以下步骤设置：在 Project\Assets 的空白处右击，在弹出的快捷菜单中选择 Create|Folder 命令，就可以创建出一个文件夹，将其命名为 models。

（2）用鼠标拖拉的方法把 3D 模型文件拉到 Assets\models 下，这样就可以把文件复制到项目的路径下，如图 9-6 所示。

① apple.fbx：苹果 3D 模型。

② Background.jpg：后台纹理图。

③ Appleicon.png：计分的图片。

④ Clock.png：计时的时钟图片。

⑤ Splash.png：果汁的纹理图。

⑥ score.cs：程序。

⑦ Arizonia-Regular：字体库。

(3) 系统会自动产生 Materials(材质)库。

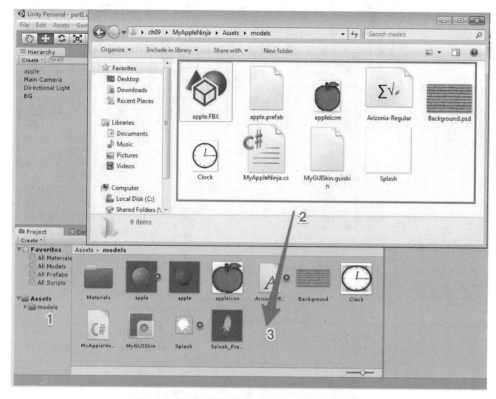

图 9-6　把 3D 模型等放到 Assets\models 路径

STEP7：把模型放到游戏中

(1) 如图 9-7 所示，先调整场景，再把项目中的 apple.fbx 3D 模型文件展开，并选择 apple 模型，把 apple 模型拖放到场景中。

(2) 在 Inspector 窗口中调整 apple 模型：设置名称为 apple；Position(位置)为 0,0,0；Rotation(旋转)为 270,0,0；Scale(尺寸)为 0.025,0.025 ,0.025。

(3) 单击纹理的设置。

(4) 调整苹果的纹理颜色。

运行游戏：

当前的游戏情况如图 9-8 所示。

教学视频：

为方便读者了解本节的内容，笔者特意录制了教学视频 unity5-MyAppleNinja-1-3dmax。

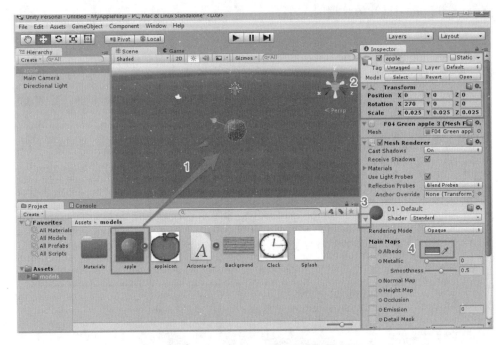

图 9-7　把苹果的 3D 模型放到场景中

图 9-8　当前游戏

9.2　物理动作、预制、后台

STEP8：苹果的物理动作

如图 9-9 所示。

（1）因为程序的关系，确认设置 Tag 标签为 fruit，如果无此标签，可依照第 5 章的 STEP15 设置一个新的标签为 fruit。

（2）苹果对地心引力会有反应，选择 Component|Physics|Rigidbody（物理刚体），则会产生自由落体的效果。

（3）因为碰撞的关系，需要设置反应，选中 Is Trigger 复选框。

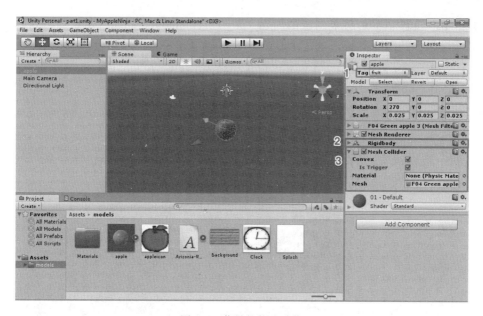

图 9-9 苹果的物理动作

STEP9：新增 Prefab 预制对象

如图 9-10 所示，好不容易设置好一个苹果，但是如果每个苹果都这样设置，则会花很多时间。所以在此介绍 Prefab 预制对象的技巧。先设置好一个模板，以后直接使用 Prefab 预制重复使用即可。

（1）在 Project 项目窗口下的 Assets 上右击。

（2）选择 Create|Prefab 命令。

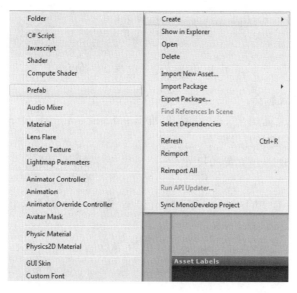

图 9-10 新增 Prefab 预制对象

STEP10：设置 Prefab 预制对象的内容

这时，如图 9-11 所示，会看到一个新的 Prefab 预制对象。

（1）把刚刚指定好的 apple 游戏对象拖拉到这个 Prefab 预制对象。

（2）把 Prefab 预制对象的名称改为 apple。

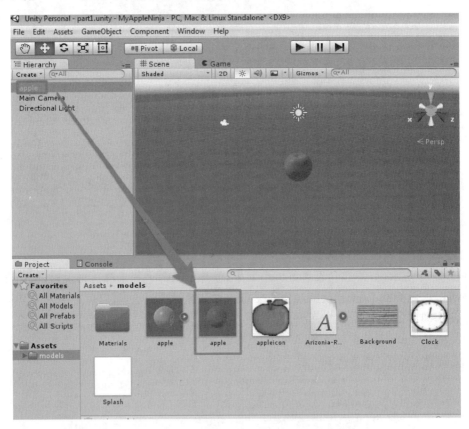

图 9-11　设置 Prefab 预制对象的内容

STEP11：加上游戏后台

后台如何处理？这里加上一个平面。如图 9-12 所示，选择 GameObject | 3D Object | Plane 命令新增一个平面来当成后台。

STEP12：设置游戏后台位置和尺寸

如图 9-13 所示。

（1）在游戏后台的 Inspector 窗口调整位置属性：设置 Position（位置）为 0,1,0；Rotation（旋转）为 90,180,0；Scale（尺寸）为 2.3,1,1.2。

（2）把图片 Background.jpg 用鼠标拖拉的方法拉到这个平面上。如果成功，则会显示纹理图。

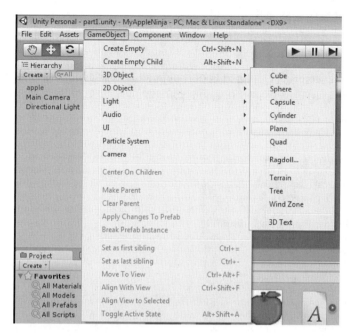

图 9-12　加上一个平面当成后台

图 9-13　设置游戏后台位置和尺寸

STEP13：设置纹理压缩和尺寸

如图 9-14 所示，依照以下步骤调整 Background.jpg 图片的压缩比例和纹理图片的尺寸：

（1）选中 Background.jpg 图片。

（2）这时在 Inspector 窗口中会出现图片的属性。调整：Max Size（图片最大的比例）为512，这里推荐使用原图片的尺寸为基准点；Format 为 Truecolor 的全彩图片。

（3）单击 Apply 按钮确认。

运行游戏：

运行游戏，游戏的状态如图 9-15 所示。

图 9-14　设置后台图片纹理压缩和尺寸

图 9-15　运行游戏

教学视频：

为方便读者了解本节的内容，笔者特意录制了教学视频 unity5-MyAppleNinja-2-prefab-BG。

9.3　2D 图片游戏组件

本节介绍 2D 游戏中处理图片的方法 Sprite，并且将果汁图片当成实际的样例介绍如何处理 2D 图片。

STEP14：设置图片

选中 Project 项目窗口中的 Splash.png 图片，如图 9-16 所示。接下来在 Inspector 窗口设置属性。

（1）Texture Type（纹理的模式）调整为 Sprite（2D and UI）。

（2）Sprite Mode（向导模式）选择为 Multiple。

（3）Max Size（图片最大的比例）设置为 32。Format 设置为 16bits。

（4）单击 Apply 按钮，此时会看到 Project 项目窗口中的 Splash.png 图片会有所不同。

（5）单击 Sprite Editor 按钮。

图 9-16　设置图片

STEP15：指定 Sprite Editor

单击 Sprite Editor 按钮，便会出现 Sprite Editor 窗口，如图 9-17 所示。因为该游戏中喷洒果汁的图片只有一张，选中后，单击右上角的关闭按钮将窗口关闭即可。在后面的章节中介绍如何设计 2D 游戏时，会详细介绍此窗口。

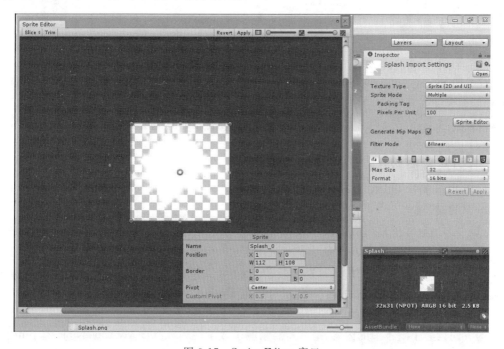

图 9-17　Sprite Editor 窗口

　　这时在 Project 项目窗口中可以看到 Splash_0 这个图片,意思是说切割一个本地的图片,如图 9-18 所示。

STEP16:加上喷洒果汁的图片 2D Sprite

　　如何处理喷洒果汁的图片? 如图 9-19 所示,加上一个 Sprite 向导,选择 GameObject|2D Object|Sprite 命令新增一个 2D 平面来当成后台。

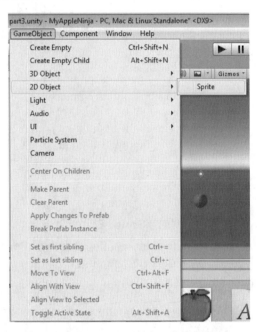

图 9-18　产生 Splash_0 文件　　　　　　　图 9-19　加上一个 Sprite 向导

　　(1) 把 Sprite 向导调整到合适的位置:设置 Position(位置)为 0,0,0;Rotation(旋转)为 0,0,0;Scale(尺寸)为 1,1,1。

　　(2) 把 Splash_0 文件用鼠标拖拉的方法拖到属性 Sprite,如图 9-20 所示。

　　(3) 设置颜色。

STEP17:新增 Prefab 预制对象

　　如图 9-21 所示,已设置好一个喷洒果汁的图片 2D Sprite,可依照之前的做法新增 Prefab 预制对象:

　　(1) 在 Project 项目窗口下的 Assets 上右击。

　　(2) 选择 Create|Prefab 命令。

　　(3) 把刚刚指定好的喷洒果汁的图片 2D Sprite 游戏对象拖拉到这个 Prefab 预制对象。

　　(4) 把 Prefab 预制对象的名称改为 Splash_Prefab。

教学视频:

为方便读者了解本节的内容,笔者特意录制了教学视频 unity5-MyAppleNinja-3-sprite。

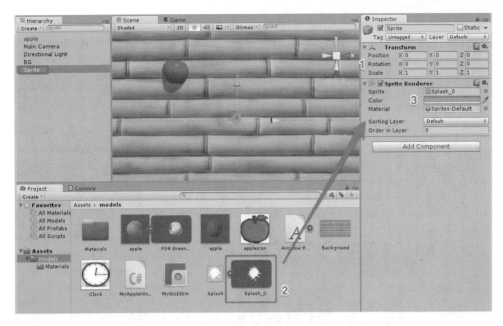

图 9-20 设置 Sprite 向导属性

图 9-21 设置 Prefab 预制对象的内容

9.4 鼠标、手指动作

在本节中加上程序和设置,也就是让苹果忍者游戏可以游戏的逻辑和动作,而关于程序的解释和逻辑将会在本节的后面进行详细的介绍。

STEP18:添加程序

在这里添加自己写的 C♯程序,而程序的功能会在最后一节介绍,如图 9-22 所示,可依照以下步骤:

(1) 在 Hierarchy(层次)窗口中选择 Main Camera(主要摄影机)。

(2) 把 Project 项目窗口中的 MyAppNinja．cs 程序用鼠标拖拉的方法添加到 Main

Camera(主要摄影机)的属性上。

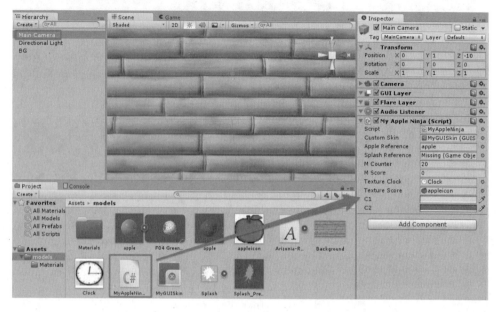

图 9-22　添加程序

STEP19：设置程序

根据 MyAppNinja.cs 程序的需求，如图 9-23 所示，需要设置：

（1）Apple Reference 指向 apple Prefab 预制对象。

（2）Splash Reference 指向 Splash_Prefab 预制对象。

（3）M Counter（游戏中倒数的秒数）设置为 20。

（4）M Score：开始的分数。

（5）Texture Clock：画面计时的时钟图片，这里是用 Appleicon.png 计分的图片。

（6）Texture Score：画面计分的图片，这里是用 Clock.png 计时的时钟图片。

（7）C1：挥剑效果的开始颜色。

（8）C2：挥剑效果的后段颜色。

运行游戏：

因为程序的关系，玩家可以在画面中单击和移动，造成挥剑的效果，当挥到苹果之后，就会添加 1 分，并且有水果飞溅的效果，如图 9-24 所示。

时间到了之后，如图 9-25 所示，便会出现 Game Over 按钮。

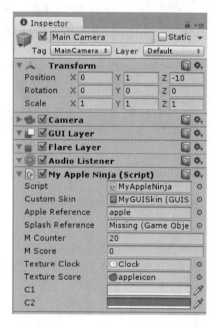

图 9-23　设置程序属性

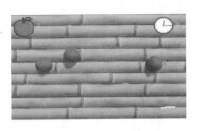

图 9-24 运行游戏(水果飞溅)   图 9-25 运行游戏(时间到后)

教学视频:

为方便读者了解本节的内容,笔者特意录制了教学视频 unity5-MyAppleNinja-4-code。

9.5 通过 GUISkin 设计外观

因为程序的关系,到当前为止,游戏中已有小小的计时器并显示分数的数字,分别在游戏的左上角和右上角。本节介绍如何改变文字的尺寸、颜色、文字的字体,也就是通过 GUISkin 来设计外观。

STEP20:新增 GUISkin 设计外观

(1) 在 Project 项目窗口下的 Assets 上右击。

(2) 选择 Create|GUI Skin 命令,如图 9-26 所示。

(3) 更换名称为 MyGUISkin。

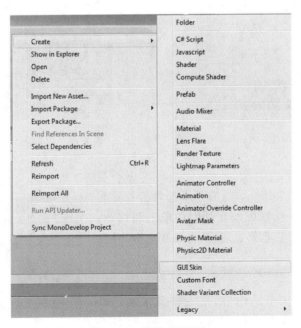

图 9-26 增添 GUISkin

STEP21：设置程序

因为 MyAppNinja.cs 程序的关系，如图 9-27 所示，把属性中的 Custom Skin 指向 MyGUISkin 设计外观。

STEP22：设置 MyGUISkin 设计外观

选中 MyGUISkin 设计外观，如图 9-28 所示，修改以下设置：

（1）在 Label\Normal\Text Color 中自行挑选喜欢的颜色。

（2）在 Label\Font 中自行挑选喜欢的字体，这里选中 Arizionia-Regular 字体。

（3）在 Label\Font Size 中自行设置合适的字体尺寸。

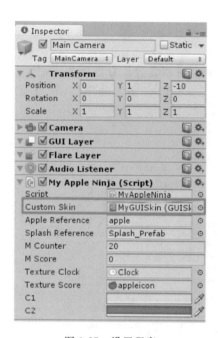

图 9-27　设置程序

图 9-28　设置 MyGUISkin 设计外观

运行游戏：

运行游戏，如图 9-29 所示，当前苹果忍者游戏看起来好得多，相当好玩。玩家可以在画面中单击和移动，造成挥剑的效果，当挥到苹果之后，就会添加 1 分，并且有水果飞溅的效果。

教学视频：

为方便读者了解本节的内容，笔者特意录制了教学视频 unity5-MyAppleNinja-5-skin。

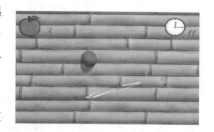

图 9-29　运行效果

9.6 补充数据——游戏程序说明

接下来是游戏最重要的部分——游戏逻辑和判断,本节讲解苹果忍者游戏的程序逻辑。如果没有学习过程序语言,可跳到下一章节学习。

本节介绍游戏程序的部分,以便了解程序语言到底在做什么事情。

1. Unity C♯的几个重要函数

样例程序中 MyAppleNinja\Assets\MyAppleNinja.cs 的部分

```
1.   using UnityEngine;                              //Unity 所使用的函数定义
2.   using System.Collections;                       //C♯ 的系统的函数定义
3.
4.   public class MyAppleNinja : MonoBehaviour {      //继承
5.      void Start () {                               //游戏开始会调用的函数
6.         …
7.      }
8.      void Update () {                              //游戏运行时调用的函数
9.         …
10.     }
11.      void OnTriggerExit(Collider other) {         //碰撞触发事件
12.         …
13.        }
14.       void OnGUI(){                               //显示分数、文字
15.         …
16.        }
17.  }
```

程序解说:

(1) 第 4 行:Unity C♯是继承 MonoBehaviour,这样才会有相关的触发事件和类别函数、属性。

(2) 第 5 行:游戏开始会调用的函数,只会调用一次,所以可以把该对象的初始化内容写在里面。

(3) 第 8 行:这个函数比较特别,它每秒大概会负责运行 12～100 次,这取决于玩家的计算机的 CPU 速度。

(4) 第 11 行:碰撞触发事件。使用这个函数的游戏对象,如果与其他的东西碰撞到一起,就会产生该触发事件。

(5) 第 14 行:专门处理画面 GUI 的部分,在这个游戏中用它来显示左上角的计分。

2. 显示游戏分数的处理

在程序中如何显示分数和倒数的时间? 就是在 OnGUI 函数中显示分数变量和时间的

数值。

样例程序中 MyAppleNinja\Assets\MyAppleNinja.cs 的部分

```
1.   public GUISkin customSkin ;
2.     public int mCounter = 20;
3.     public int mScore = 0;
4.     private bool isGameOver = false;
5.     public Texture TextureClock;
6.     public Texture TextureScore;
7.     …
8.     void OnGUI(){
9.         GUI.skin = customSkin;                              //MyGUISkin 设计外观
10.        if (isGameOver == true) {
11.            int buttonWidth = 100;
12.            int buttonHeight = 50;
13.            int buttonX = (Screen.width - buttonWidth ) / 2;
14.            int buttonY = (Screen.height - buttonHeight) / 2;
15.            if ( GUI.Button(new Rect( buttonX,buttonY,buttonWidth,
                                buttonHeight ),"Game Over" ) )   //显示时间到
16.            {
17.                Debug.Log("Thanks!");
18.            }
19.        }
20.  GUI.Label(new Rect( 80,25,100,60 ),mCounter.ToString() );   //时间
21.        GUI.Label(new Rect( Screen.width - 35,25,100,60 ),
                                mScore.ToString() );              //分数文字
22.        GUI.DrawTexture(new Rect(10,10,60,60),TextureScore ,
                    ScaleMode.ScaleToFit,true,1.0F);              //显示分数图片
23.        GUI.DrawTexture(new Rect(Screen.width - 100,10,60,60),
                    TextureClock,ScaleMode.ScaleToFit,true,1.0F); //显示时间图片
24. }
```

3. 倒计时的处理

程序中有倒计时的功能,通过在程序中设置计时器,每 1s 就会调用一次函数,以改变倒计时的变量。

样例程序中 MyAppleNinja\Assets\MyAppleNinja.cs 的一部分

```
1.   public int mCounter = 20;
2.     …
3.   void Start()                              //游戏开始会调用的函数
4.     {
5.         isGameOver = false;
6.         InvokeRepeating("ReduceTime",1,1);   //C# 计时器的写法
7.             …
```

```
8.       }
9.       …
10.      void ReduceTime()                          //被计时器所调用的函数
11.      {
12.          if (mCounter > = 1) {
13.              mCounter = mCounter - 1;            //倒计时
14.          } else {                               //时间到的处理方法
15.              CancelInvoke();                     //取消计时器
16.              mCounter = 0;                       //时间归 0
17.              isGameOver = true;                  //设置游戏结束
18.          }
19.      }
```

当游戏开始时,便会通过一个计时器函数 InvokeRepeating ,并且设置每秒调用一次自己写的函数 ReduceTime,然后在函数中调整和判断时间变量,如果先到则结束这个游戏。

4. 自动产生苹果的处理

程序中会定时地出现苹果,通过在程序中设置计时器,每 6s 就会调用一直在产生苹果的函数,并且通过 AddForce 施加一个往上升的外力,通过 Random. Range 产生随机数,形成游戏的变化性。

部分样例程序 MyAppleNinja\Assets\MyAppleNinja.cs。

```
1.       public GameObject appleReference;
2.       void Start()
3.       {
4.           isGameOver = false;
5.           mScore = 0;
6.           …
7.           InvokeRepeating("SpawnFruit",0.5f,6);                        //计时器
8.           LineInit ();
9.       }
10.      void SpawnFruit()
11.      {
12.          for (byte i2 = 0; i2 <  Random. Range(1,7); i2++)
13.          {
14.              GameObject fruit = Instantiate(appleReference,
                                    new Vector3(Random. Range( - 9,9),
        Random. Range( - 6, - 11),0),
                                        Quaternion. identity) as GameObject;   //创建新的苹果
15.              fruit. GetComponent < Rigidbody >( ). AddForce(throwForce,
                    ForceMode. Impulse);                                    //施加外力
16.              fruit. transform. Rotate(   Random. Range( - 360,360) ,
                    Random. Range( - 360,360) ,
```

```
                        Random.Range( - 360,360) );              //旋转
17.         }
18. }
```

5. 触控反应和动作

在 Unity 程序中有三个重要函数,通过它们可以获取用户的触控动作。

(1) Input. GetMouseButtonDown(0):按下的动作。

(2) Input. GetMouseButtonUp(0):放开的动作。

(3) Input. GetMouseButton(0):按下并移动的动作。

```
1.  void Update()
2.  {
3.        if (Input.GetMouseButton(0)){              //按下并移动的动作
4.            EventMouseDown();                      //调用自己写的函数
5.        }
6.        if (Input.GetMouseButtonUp(0)) {           //按下的动作
7.            EventMouseUp();                        //调用自己写的函数
8.        }
9.        …
10. }
```

6. 画线初始化的处理

在苹果忍者中,很重要且独特的效果就是挥剑的画线效果。在 Unity 5 中有一个 LineRenderer 类型,通过它可以做出画线的效果。

部分样例程序 MyAppleNinja\Assets\MyAppleNinja. cs

```
1.  …
2.  public Color c1 = Color.yellow;                  //颜色
3.  public Color c2 = Color.red;
4.  private LineRenderer lineRenderer;               //线的类型
5.  …
6.  void Start()
7.  {
8.        …
9.      LineInit ();
10. }
11. void LineInit(){
12.
13.     lineGO = new GameObject("Line");             //创建一个新的游戏对象
14.     lineGO.AddComponent<LineRenderer>();
15.     lineRenderer = lineGO.GetComponent<LineRenderer>();
16.     lineRenderer.material = new Material(Shader.Find("Particles/Additive"));
                                                     //设置纹理
```

```
17.        lineRenderer.SetColors(c1,c2);                //设置颜色
18.        lineRenderer.SetWidth(0.02f,0.01f);           //设置线的宽度
19.        lineRenderer.SetVertexCount(0);               //设置点的数量
20.    }
```

在苹果忍者中,挥剑的画线需要每一个点的位置。这里通过 ArrayList 记录在 lstNumbers 变量中,再把这个参数传给画线的类型。

部分样例程序 MyAppleNinja\Assets\MyAppleNinja.cs

```
1.  ...
2.  private ArrayList lstNumbers = new ArrayList();        //记录
3.  ...
4.  void Update()
5.  {
6.        if (Input.GetMouseButton(0)) {
7.              EventMouseDown();
8.        }
9.        if (Input.GetMouseButtonUp(0)) {
10.             EventMouseUp();
11.       }
12.       DestoryAppls ();
13. }
14. void EventMouseDown(){
15.       Vector3 mousePos = Input.mousePosition;           //取得鼠标位置
16.       mousePos.z = 1f;
17.       Vector3 worldPos = Camera.main.ScreenToWorldPoint(mousePos);
18.       Ray ray = Camera.main.ScreenPointToRay(Input.mousePosition);
19.       lstNumbers.Add(worldPos);                          //加上点的位置
20.       Drawline();                                        //画线
21.       CheckgetFruit ();                                  //判断是否有苹果
22.    }
23.
24.    void EventMouseUp(){                                  //手指放开的处理函数
25.       CheckgetFruit ();                                  //判断是否有苹果
26.       lstNumbers.Clear ();                               //清除记录
27.       lineRenderer.SetVertexCount(0);                    //清除画线记录
28.       i = 0;
29.    }
30.    void Drawline() {                                     //画线函数
31.       int t_len = lstNumbers.Count;
32.
33.       if(t_len > 0){
34.           lineRenderer.SetVertexCount(t_len);            //设置有多少点
35.           for(int a = 0;a < t_len;a++){
36.               Vector3 t1 = (Vector3)lstNumbers[a];
```

```
37.              lineRenderer.SetPosition(a,t1);            //设置每一个点
38.          }
39.          if(t_len > 20){                                //删除过多的点
40.              lstNumbers.RemoveAt(0);
41.          }
42.
43.      }
44.  }
```

比较特别的是,鼠标的屏幕 2D 位置和游戏中的 3D 世界坐标是有差异的,程序中的第 17 行是在做坐标的转换。

7. 判断是否砍到苹果

在苹果忍者中,最重要的部分是判断是否砍到苹果。下面这段程序是用来判断手指上有没有水果,在这里通过使用 Tag 标签来判断。

部分样例程序 MyAppleNinja\Assets\MyAppleNinja.cs。

```
1.   void CheckgetFruit(){
2.       Ray ray = Camera.main.ScreenPointToRay(Input.mousePosition);
3.       RaycastHit hit;
4.       if (Physics.Raycast (ray,out hit,100f)) {            //判断按下位置对象
5.           if(hit.collider.tag == "fruit"){                //判断是否有水果
6.               Destroy (hit.collider.gameObject);          //删除水果对象
7.               Vector3 randomPos =
                 hit.collider.gameObject.transform.position; //取得位置
8.               randomPos.z = - 0.01f;
9.               mScore = mScore + 1;                         //加分
10.              Instantiate(splashReference,randomPos,
             hit.collider.gameObject.transform.rotation);    //放上喷洒果汁
11.          }
12.      }
13.  }
```

本章习题

1. 问答题

（1）以下哪一个文件是 3D 模型文件？

    A. FBX   B. JPG   C. CS   D. HTML

（2）Sprite Editor 有哪些功能？

    A. 处理 2D 图片   B. 灯光   C. 碰撞   D. 以上皆是

（3）GUISkin 有什么功能?

    A. 设置画面上的文字 GUI 外观   B. 程序

    C. 碰撞   D. 灯光

2. 实作题

（1）依照 9.1 节创建或修改游戏模型,添加其他的对象模型。

（2）修改苹果忍者,加上其他造型的水果。

（3）为苹果忍者添加其他图片和游戏对象,以增加游戏画面的效果。

第 10 章　山水造景 Terrains

（项目：3D 动作游戏）

本章介绍如何在 Unity 中设计 3D 动作游戏，完成目标后的效果如图 10-0 所示。

图 10-0　本章的目标完成图

10.1　山水造景 Terrains 简介

如果要在 Unity 中挑选一个最棒的功能，山水造景 Terrains 算是其中的工具之一。如图 10-1 所示，只要几分钟的时间，就可以设计出一个 RPG 角色扮演的游戏，并且造山、建海、种树等功能，几分钟内就可以完成。

因为山水造景 Terrains 使用的 CPU 很高，所以应用在手机上时，尽量让上面的游戏对象少一些，摄影机的拍摄距离小一点，就可以让 FPS 流畅些。山水造景 Terrains 功能在 Unity 4.0 版之前，手机版是不能使用的，现在就不是问题了。

山水造景 Terrains 很多的素材都可以从 Assets Store 上购买，也可以下载免费的 3D 对象使用。

图 10-1 使用山水造景 Terrains 的游戏画面

选择 GameObject|Create Other|Terrain 命令，如图 10-2 所示。而图 10-1 所示的属性功能如图 10-3 所示。

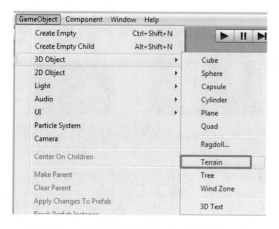

图 10-2 使用山水造景 Terrains 新增 Terrain

图 10-3 使用山水造景 Terrains 的 Inspector 窗口

STEP1：添加山水造景 Terrain

新增山水造景 Terrain，只要选择 GameObject|3D Object|Terrain 命令，就可以看到在画面上出现大片的 Terrain，等待你去造山建树。

STEP2：添加一个灯光 Light

如果游戏中没有灯光，则选择 GameObject|Directional Light 或者其他的灯光，就可以在游戏中加入灯光。

STEP3：添加一个 Terrain Assets Package 素材包

如何使用 Terrain?，见图 10-4 所示。

（1）选择 Windows|Assets Store 命令。

（2）查找 Terrain Assets 并把官方准备的山水图片、树木、草等素材打开。

（3）单击 Download 按钮就可以把素材加到项目中。

图 10-4　添加 Terrain Assets Package 素材包

STEP4：添加 Terrain 画笔纹理

如图 10-5 所示，设置 Terrain 土地的颜色。

（1）选中 Terrain 的画笔。

（2）因为 Terrain 还没有任何的纹理可以使用，需要添加一个新的，选择 Edit Textures 中的 Add Texture 即可。

STEP5：选定画笔纹理

Add Terrain Texture 窗口如图 10-6 所示。

（1）单击 Texture 的 Select 。

（2）选择需要的纹理图片，这里选用 Grass&Rock。

（3）单击 Add 按钮。

此时 Terrain 会自动把纹理布满整个 Terrain 游戏对象，如图 10-7 所示。

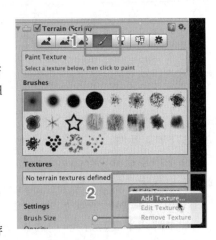

图 10-5　添加 Terrain 画笔纹理

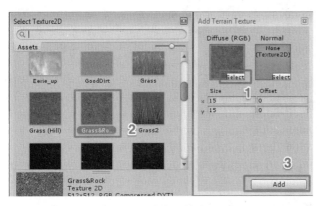

图 10-6 选定画笔纹理

图 10-7 纹理

STEP6：选择不同的纹理，画在山水 Terrain 游戏对象中

依照前两个步骤多增加几个画笔的纹理，如图 10-8 所示。

(1) 选择纹理。

(2) 选择画笔的式样。如果笔刷太大或太小，可以通过 Brush Size 调整尺寸。

(3) 画在山水 Terrain 游戏对象上，效果如图 10-9 所示。

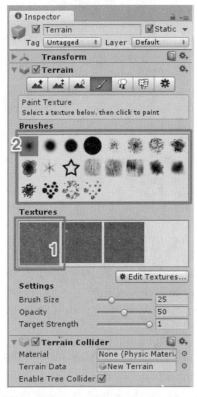

图 10-8 增加画笔纹理

图 10-9 通过画笔和纹理画出
游戏的场景贴图

10.2　造山

STEP7：造山

在 Terrain 山水组件的属性中完成，如图 10-10 所示。

（1）选择第一个造山的选项。

（2）在笔刷 Brushes 部分设置游戏中的山由上方往下看时，山的样子是怎样的。

（3）通过 Terrain 山水组件的属性下方的 Settings，可以改变 Brush Size（笔刷的尺寸）和 Opacity（每单击一次，山的高度）。

此时单击 Scene（场景）窗口，每单击一次就会让游戏中的场景高度提升一些，如图 10-11 所示。如果想让山的高度降低，单击 Shift 键即可。

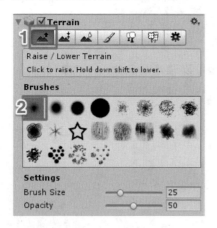

图 10-10　造山的功能选项

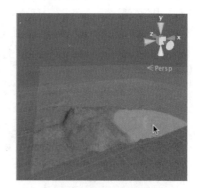

图 10-11　造山

10.3　加入 3D 主角

STEP8：加入 3D 主角

通过 Unity 的 Scene 窗口只能从上下左右这几个角度来看游戏场景，如果添加一个 3D 游戏主角在里面走动，就可以把这个游戏场景设计得更好。以前 Unity 本身有纹理包，里面就有现成的 3D 主角，可以直接控制主角的走动。如果使用 Unity 4.4 版之前的 Unity，可选择 Assets\Import Package\Character Controller 把官方准备的 3D 人物主角控制打开，选取 Import 就可以把素材包加到项目中。

如果使用 Unity 5.0，直接复制光盘中的 MyTerrains\Assets\Standard Assets\Character Controllers 即可。

输入纹理包之后，在 Assets 窗口中找到 Assets\Standard Assets\Character\3rd Person Controller，并且将其拉到 Hierarchy 游戏对象窗口中的空白处，如图 10-12 所示。

最后把位置调整到 $x=290, y=3, z=465$ 上。

STEP9：玩 3D RPG 游戏

此时运行游戏可以控制刚刚加入的主角，通过上下左右和空白键即可控制主角移动，如图 10-13 所示。

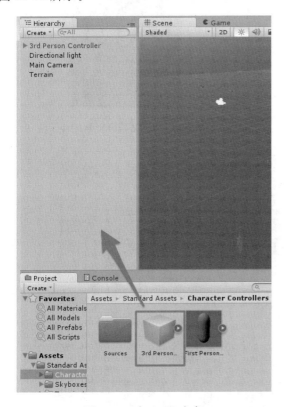

图 10-12 加入 3D 主角

图 10-13 玩 3D 动作游戏

接下来做一些锦上添花的功能，让游戏看起来更专业。

STEP10：设置高山平原

可以通过山水造景的第二个选项高山平原的笔刷绘制高山平原，对笔刷进行不同的设置，如图 10-14 所示。最下面有三个选项，分别是 Brush Size(笔刷尺寸)、Opacity(透明程度)、Height(山的高度)。

用法和造山一样，如图 10-15 所示，用户可以发挥艺术家的天分，在场景上自由发挥。

STEP11：种树

可以通过山水造景的第五个选项种树。在种树的功能中，首先需要设置输入的纹理，如图 10-16 所示。

(1) 选中种树的选项。

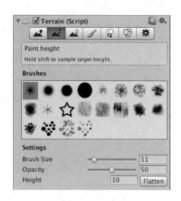

图 10-14　设定高山平原

图 10-15　设定高山平原的样子

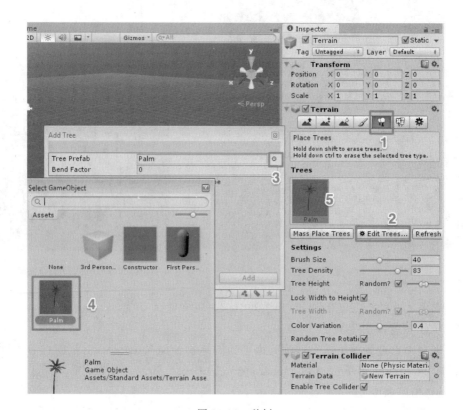

图 10-16　种树

（2）单击 Edit Trees（编辑树木）按钮。

（3）在弹出的 Add Tree 窗口单击 Tree 的选项。

（4）在之前所安装的纹理包中就有一棵 Palm 椰子树。

（5）这样 Terrain 就会新增一棵 Palm 椰子树供使用。

STEP12：增加树木在游戏场景中

如果要将树木加到游戏场景中，通过以下的方法即可，如图 10-17 所示。

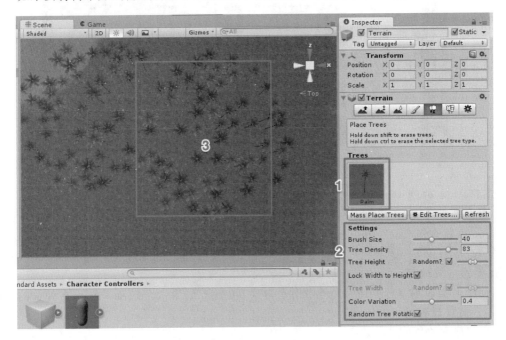

图 10-17　增加树木在游戏场景中

（1）选中树的 3D 模型。

（2）设置树的样子，山水造景的第五个选项种树的功能属性如表 10-1 所示，可以调整高度、密度等。

表 10-1　种树的功能属性

属　　性	功 能 说 明
Brush Size	笔刷尺寸
Tree Density	树密度
Color Variation	颜色变化
Tree Height	树高
Variation	变化度
Tree Width	树的宽度
Width Variation	宽度的变化

（3）在游戏 Scene(场景)中用单击就可以种出大片的树。

此时运行游戏，在实际的游戏场景中就会看到增加了很多树木，适当地调整树木的高度，可让画面多些变化。可以到 Asset Store 上找到很多的树木供游戏使用，如图 10-18 所示。

图 10-18　在 Asset Store 上寻找树木

STEP13：种草

那么花花草草如何做到？首先需要有花或草的图片。如果想练习，Unity 的 Terrain package 中就有现成的花和草的图片。与笔刷的处理方法一样，通过单击 Edit Detail 按钮选择 Add Detail 后，指定花或草的图片，就可以将其当作笔刷来使用。若不喜欢它，右击 Shift 键即可清除它。

使用方法如图 10-19 所示。选中山水造景 Terrain 的第六个选项种草。在种草的功能中，首先需要设置输入的纹理。

（1）选中种草的选项。

（2）单击 Edit Details（编辑草）按钮。

（3）在弹出的 Add Grass Texture 窗口单击 Grass 的选项。

（4）在之前所安装的纹理包中就有一张 Grass 图片 Grass 2 草。

（5）单击 Add 按钮，添加草的纹理到山水造景 Terrain 中。

这样 Terrain 就会新增一个 Grass 2 草供使用。

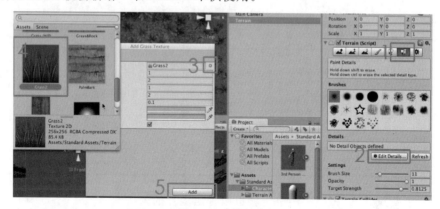

图 10-19　增加草

STEP14：增加草在游戏场景中

若要将草放到游戏场景中，通过以下的方法操作即可：

（1）选中草的 3D 模型，可以通过 Settings 设定草的样子，山水造景的第六个选项种草的功能属性如表 10-2 所示。

表 10-2　种草的功能属性

属　　性	功　能　说　明
Brush Size	笔刷尺寸
Opacity	密度
Target Strength	目标强度

（2）单击游戏场景，就可以增加一片草皮，如图 10-20 所示。

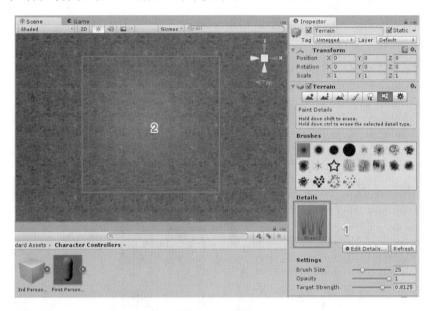

图 10-20　种草

此时可以看到主角在森林中的效果如图 10-21 所示。

图 10-21　主角在森林中的效果

10.4　天空和雾

STEP15：设置天空的后台

至此离一个 3D RPG 的场景差不多了，还可以在游戏中添加一个天空的后台。可以参考本书 5.5 节，如图 10-22 所示，按以下步骤设置：

（1）在 Assets Store 上下载和购买 SkyBox（天空盒），只要寻找 Skybox 就可以有很多的选择，在此选择 classic Skybox。

（2）单击 Download 按钮。

（3）选择 Window|Lighting 命令。

（4）在 Lighting 窗口中选择 Scene。

（5）单击 Skybox 右边的圆圈。

（6）从中挑一个喜欢的 Skybox（天空盒）。

（7）完成后，再执行游戏，如图 10-23 所示，就会看到天空的效果。

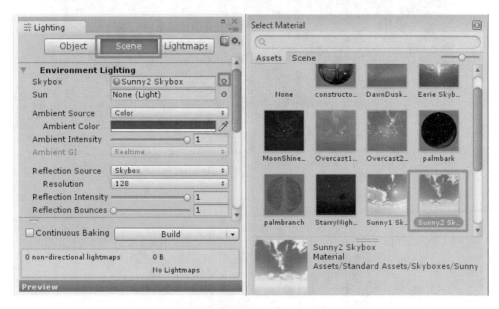

图 10-22　添加天空的背景

STEP16：加上雾的效果

同样，在游戏画面设置菜单中，还可以设置雾的效果，如图 10-24 所示，可依照以下步骤设置：

（1）单击 Fog 打开雾气效果。

（2）设置雾的颜色。推荐使用彩色，选中后台的图片，这样整个雾才能与后台融合在一起。

图 10-23　现在执行情况

图 10-24　添加雾的背景

(3) 设置雾的属性数值。可以依照想要的情况自行设置。例如：

① Fog Mode(雾的模式)：选择 Linear。

② Fog Start(雾开始)：1。

③ Fog End(雾结束)：10。

STEP17：完成

通过山水造景 Terrains，如图 10-25 所示，很快就可以拥有一个很漂亮的 3D 游戏的场景，剩下的部分就是替换掉 3D 模型，并增加怪兽与宝物等，这些动作会在其他章节介绍。顺便可以复习一下，前几个章节介绍过音乐和音效，这里加上游戏的后台音乐，如一些鸟叫声和一些特殊音效。不要忘记，Assets Store 上面有一大堆现成的 3D 模型，可以从中下载并加入项目或游戏场景中，让游戏看起来更专业。

图 10-25　执行结果

教学视频：

为方便读者学习本章的内容，笔者特意录制了一个教学视频 Unity-Terrain。

本章习题

1. 问答题

（1）山水造景 Terrain 的功能是什么？

　　A. 造山　　　　　　B. 种树　　　　　　C. 种草　　　　　　D. 以上皆是

（2）Fog 的功能是什么？

　　A. 设置雾　　　　　B. 设置烟　　　　　C. 设置透明度　　　D. 设置灯光

2. 实作题

（1）依照本章教学，修改游戏，使用山水组件，创建更好看的游戏场景，让游戏更加有趣。

（2）修改本章游戏，使其成为自己想要的风格，添加其他图片和游戏对象，以增加游戏画面的效果。

第 11 章

3D 人物动作控制

（项目：3D RPG 捡宝物游戏）

> 本章介绍如何在 Unity 中设计第一人称游戏，完成目标后的效果如图 11-0 所示。

图 11-0　本章的目标完成图

11.1　理解 Unity 3D 人物动作模型原理

继续用第 10 章的项目，把 Unity 官方的 3D 人物模型通过 Import Package 的方法选择 Character Controller，加入并且使用。

STEP1：了解 3rd Person Controller 游戏对象

单击 3rd Person Controller 游戏对象，可以得知这是一个 Prefab 游戏对象，其中有几个 JavaScript 语言和 Character Controller 等组件。本节从无到有重新制作一个，以便了解人物模型的控制与动作，如图 11-1 所示。

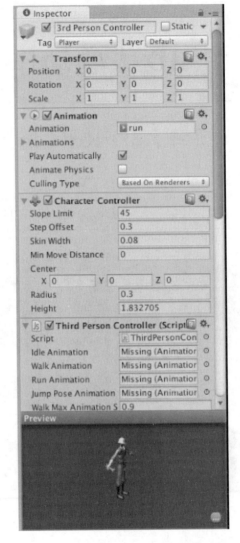

图 11-1　3rd Person Controller 游戏对象

STEP2：使用 3D Max

如果要打开 3D 人物模型（以下简称工人），可选择 Standard Assets \ Character Controllers\ Sources\PrototypeCharacter\Constructor\ Consstructor.FBX。如果对 3D Max 比较熟悉，则用 3D Max 打开这个 FBX 文件时会看到如图 11-2 所示。

（1）该工人除了模型之外，还有 IK 骨骼结构。

（2）该 FBX 是包含动画动作 Key Frame 的数据。

再来看动画 Key Frame 的位置。试着移动 3D Max 动画的 Key Frame 会发现，2～62 是站着，65～81 是跑步，84～116 是走路，跳的动作在 113～118 之间，如图 11-3 所示。

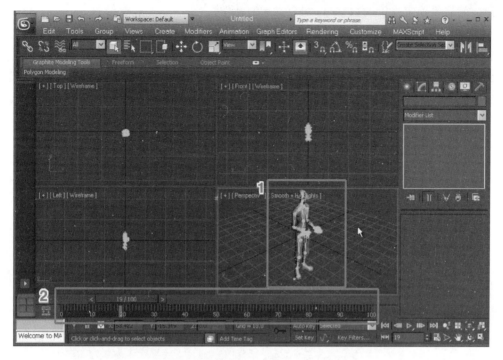

图 11-2　模型动作在 3D Max 中的样子

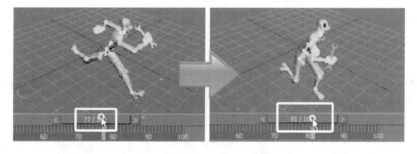

图 11-3　模型动作在 3D Max 中的 Key frame

STEP3：确认动作 Key Frame

再回到 Unity 看一下这个动作是设置在哪边，如图 11-4 所示。

（1）选中游戏 Hierarchy 窗口中的 3rd Person Controller，把它打开会发现底下的游戏对象就是这个人物的 Group 模型结构，与在 3D Max 中看到的一样。

（2）选择 Assets 资源窗口中的 Sytandard Assets\Character Controllers\ Sources\ PrototypeCharacter\Constructor \Consstructor.FBX 工人模型。

（3）在 Inspector 窗口中单击 Animations 动画选项。

（4）会看到这个动画设置（如 idle start＝2 到 62 等）完全与 3D Max 中动画 Key Frame 是一样的意思，这个 Clips 是用手工的方法输入，也可以自行调整。当美术人员调整模型的动画时,就需要确定这里的数字,以配合实际的动作。

（5）每一个动作,可以设定名称,注意是否 Loop（重复播放）。

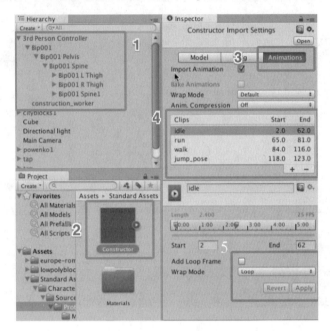

图 11-4　在 Unity 中人物动作的设置

完整的范例程序可以在 Animator | Asset | After. unity 中找到,如果想依照书中的样例自行设计,可以用 Before. unity。

教学视频:

这段 3D 人物动作比较复杂,为了方便读者了解本节的内容,可以学习完整的教学视频 unity_animation_1_3DMax. mov。

11.2　控制新的 Unity 3D 人物动作模型和动作

本节一步一步地从无到完成新增 Unity 3D 人物动作模型和动作,可以继续用上一节的项目或者创建全新的项目。在此继续用上一节的项目。

STEP4：关闭主角

把上一节 Unity 官方的 3D 人物模型通过以下的方法关闭,如图 11-5 所示。

（1）选中 3rd Person Controller（工人）。

（2）选中 disable（关闭）选项,这样该模型暂时就不会运行和显示,当然也可以用 Del 键去除整个游戏对象。

STEP5：新增主角

如果有 3D 美术人员设计的人物动作文件,并且有 IK 与动作,这样当然最好。如果没

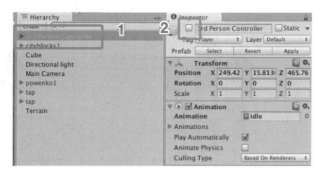

图 11-5　关闭工人模型

有，在 Assets Store 上有很多很多的人物模型文件，可以选择一个有 IK 骨骼和动作的人物模型，在此是用 Red Samurai(红武士)这个免费的模型，并且包含 IK 骨骼和动作，如图 11-6所示。

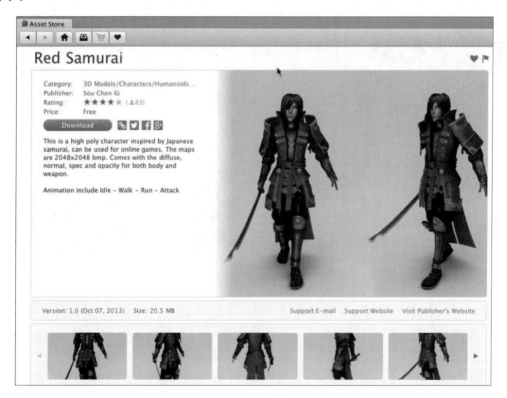

图 11-6　在 Assets Store 中下载 Red Samurai 人物模型

Soldiers Pack(士兵)和 Animated Spartan King(罗马士兵)模型也是不错的选择，如图 11-7 所示。

单击 Download 和 Import 将其输入项目中。

图 11-7　Unity 商店街上的士兵和罗马士兵模型

把下载或输入的 FBX 放入游戏场景中，如图 11-8 所示。如果是使用红武士，可以在 Character Pack\Samuzai_animation_ok 中找到这个模型文件，并把它放在靠近地板的位置上。

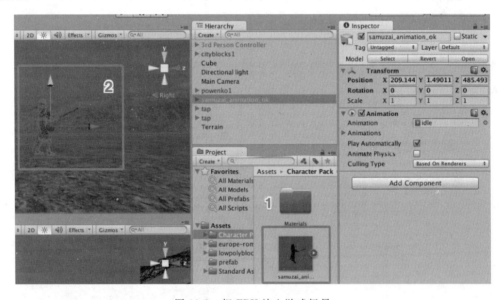

图 11-8　把 FBX 放入游戏场景

STEP6：调整模型尺寸与人物动作

如果要调整模型尺寸，可以在 Assets 窗口中选中 FBX 模型文件，并选择对象的 Model 模型，调整 Scale Factor 的比例就可以了。

还可以在 FBX 的 Animation 中，依照动画的 Key Frame 添加动作，也可以通过 Preview 的 Play(播放键)来观看模型的动作，如图 11-9 所示。

STEP7：指定引导的人物动作

在红武士没有 Animation 对象时，可以选择 Compoment|Miscellaneous\Animator 命令通过 Animation 来指定动画，如图 11-10 所示。

(1) 为 Animation 选项区域中的 Animation 指定动作。

（2）推荐把所有的动画通过设置 Size 来改变 Array 数组尺寸，然后在每个 Element 上面把每个动作都指定。

（3）Play Automatically 用于指定引导时自动播放动作。

图 11-9　FBX 的 Inspector 属性

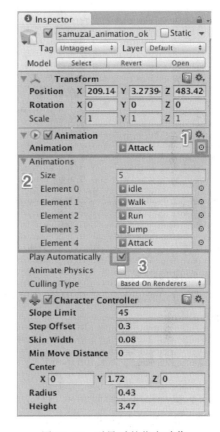

图 11-10　引导时的指定动作

STEP8：增加场景的建筑物

为了游戏的丰富性，可以在游戏场景中添加 3D 模型和建筑物。这里再次选择 Windows|Asset Store 命令，在 Asset Store 中有很多 3D 模型和建筑物，可到 Asset Store 的 3D Models\Environments\Industrial 中下载资源包到项目中，并且将其加入到游戏中。如果只是练习，里面有很多的免费模型和建筑物可供使用。可依照实际的需求将其摆放在游戏中，让游戏看起来更加专业，如图 11-11 所示。

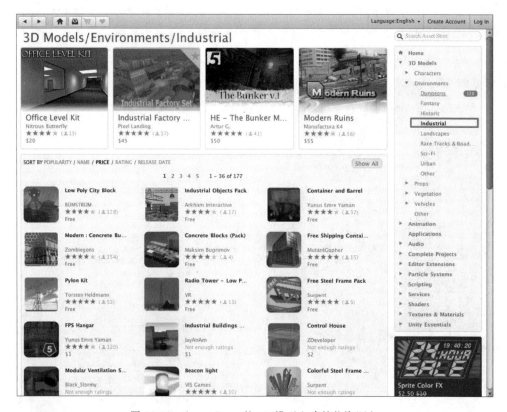

图 11-11　Asset Store 的 3D 模型和建筑物资源包

教学视频：

为方便读者了解本节的内容，可以学习完整的教学视频 unity_animation_2_AddCh-aracter. mov。

11.3　用程序控制 Unity 3D 人物动作

本节通过程序来控制 3D 人物的动作。

STEP9：处理人物动作的程序

添加一个 C♯程序，并且添加到主角红武士的 3D 模型上。

样例程序中 AnimatorByAnimation|Asset|MyControl . cs 的部分

```
1.   //柯博文老师　www. powenko. com
2.   using UnityEngine;
3.   using System. Collections;
4.
5.   public class MyControl : MonoBehaviour {
6.
```

```
7.      void Update () {
8.        if (Input.GetButton("Jump")) {          //判断是否按下 Jump 空白键
9.          animation.CrossFade ("Attack");       //播放人物动作 Attack 动画
10.       }else if (Input.GetButton("Fire1")) {
11.         animation.CrossFade ("Jump");         //播放人物动作 Jump 动画
12.       }else{
13.         if (Input.GetAxis("Vertical") > 0.2f){
14.           animation.CrossFade ("Walk");
15.         }else{
16.           animation.CrossFade ("idle");
17.         }
18.       }
19.
20.     }
21.  }
```

程序解说:

(1) 第 10 行: 判断是否按下 Fire1 按钮。

(2) 第 13 行: 判断是否按下 Vertical(纵向)上下按钮。

(3) 第 14 行: 播放人物动作 Walk。

(4) 第 15 行: 判断是否按上下按钮。

(5) 第 16 行: 播放人物动作 idle。

注意: 程序中的 animation.CrossFade ("动作"); 可依照实际的模型人物动作名称修改, 注意尺寸。

运行结果:

运行的情况如图 11-12 所示。

图 11-12　运行的情况

教学视频:

为方便读者了解本节的内容,可以学习完整的教学视频 unity_animation_3_animationCrossFade。

11.4　用程序控制 Unity 3D 人物的移动

本节通过程序让用户可以控制 3D 人物的位置移动。

练习 1：

添加一个 C♯ 程序 MyControl_move，并且添加到主角红武士的 3D 模型上，注意把模型上原本的内容删除。

样例程序中 AnimatorByAnimation | Asset | MyControl_move . cs 的部分

```
1.   //柯博文老师  www.powenko.com
2.   using UnityEngine;
3.   using System.Collections;
4.   public class MyControl_move : MonoBehaviour {
5.
6.     void Update () {
7.
8.       //人物位置控制
9.       float WalkSpeed = 1.0f;
10.      float x = Input.GetAxis("Vertical") * WalkSpeed * Time.deltaTime;
11.      float y = Input.GetAxis("Horizontal") * WalkSpeed * Time.deltaTime;
12.      Vector3 t1 = gameObject.transform.position;
13.      t1.x = t1.x + x;
14.      t1.z = t1.z + y;
15.      gameObject.transform.position = t1;
16.
17.      //人物动作控制
18.      if (Input.GetButton("Jump")) {
19.         animation.CrossFade ("Attack");
20.      }else if (Input.GetButton("Fire1")) {
21.         animation.CrossFade ("Jump");
22.      }else{
23.         if (Input.GetAxis("Vertical") > 0.2f){
24.            animation.CrossFade ("Walk");
25.         }else{
26.            animation.CrossFade ("idle");
27.         }
28.      }
29.
30.   }
31. }
32.
```

程序解说：

（1）第 10 行：依照用户按下 Vertical（纵向）上下 Jump 按钮，范围在 −1～0～1 之间，乘上速度与时间差。

(2) 第12～14行: 取得用户位置和移动情况。

(3) 第15行: 设置用户位置。

(4) 第17～28行: 设置人物动作, 同上一节。

运行结果:

运行时, 红武士虽然可以移动, 但看起来像是射击游戏的主角移动方法, 主角只能上下左右移动, 不能旋转, 如图11-13所示。

图 11-13　运行的情况

教学视频:

为方便读者了解本节的内容, 可以学习完整的教学视频 unity_animation_4_Move. mov。

练习2:

红武士虽然可以移动, 但看起来不太自然, 有以下缺点:

(1) 人物飘在天空中。

(2) 人物不能旋转。

为了解决以上两个问题, 需要修改如下:

STEP1: 添加 Character Controller 人物控制组件到人物模型

添加 Character Controller 人物控制组件到人物模型, 原因是它有几个功能和参数可以使用, 如 Move(移动)和 isGround(判断是否站在地板上), 如图11-14所示。

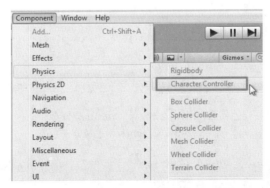

图 11-14　添加 Character Controller 人物控制组件到人物模型

把 Character Controller 人物控制的属性好好调整一下，尤其是碰撞的范围，即显示在人物外围有一个绿色的圆柱体，那就是主角的碰撞范围，调整到包含主角的头、身体、脚的范围，如图 11-15 所示。它的属性有：

(1) Center X, Y, Z：碰撞的中心点位置。

(2) Radius：圆柱直径尺寸。

(3) Height：碰撞体的高度。

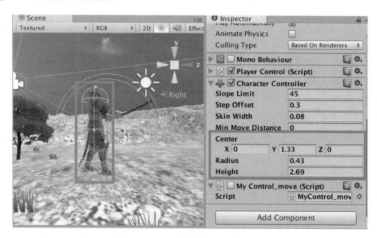

图 11-15　调整 Character Controller 人物控制的属性

STEP2：人物转身移动的处理

这里添加一个全新的 C♯ 程序语言，并且用 Character Controller 人物控制组件来移动人物模型。把红武士其他的 C♯ 语言删除，只留下这个 C♯，因为程序比较长，分几段进行说明。

样例程序中 AnimatorByAnimation|Asset|MyControl_move . cs 部分程序

```
1.  //柯博文老师   www.powenko.com
2.  CharacterController control;
3.  Vector3 move = Vector3.zero;
4.  void Start () {
5.      control = GetComponent < CharacterController >();
6.  }
7.  void Update () {
8.      gameObject. transform. Rotate ( 0, Input. GetAxis ( " Horizontal ") * turnSpeed *  Time.
deltaTime, 0);
9.      move = new Vector3(0, 0, Input. GetAxis("Vertical"));
10.     move =  transform. TransformDirection(move);
11.      //省略
12.     control. Move(move * Time. deltaTime);
13. }
```

程序解说:

(1) 第 4 行: 取得 Character Controller 组件的指标。

(2) 第 7 行: 旋转人物,只转 Y 的部分,所以对玩家来说,看起来就是主角在左右转身。

(3) 第 8 行: 取得键盘上下按键的动作。

(4) 第 9 行: 通过计算转换,看起来就是人物前后的移动。

(5) 第 10 行: 向 Character Controller 组件要求移动主角的位置。

这时就会看到整个移动正确多了,人物就像是 FPS 第一人称的操作方式。

STEP3: 人物跑步的动作

人物的跑步有几个重点要处理:

(1) 往上的跑步力如何。

(2) 是否着地了。

样例程序中 AnimatorByAnimation│Asset│MyControl_move . cs 部分程序

```
1.   //柯博文老师   www.powenko.com
2.   public float jumpSpeed = 5f;
3.   void Update () {
4.          //省略
5.      ///jump
6.      if (Input.GetKey(KeyCode.Space) && control.isGrounded){
7.             jump = true;
8.      }
9.       if (!control.isGrounded)          {
10.            gravity += Physics.gravity * Time.deltaTime;
11.     }
12.     else{
13.            gravity = Vector3.zero;
14.
15.      if (jump){
16.            gravity.y = jumpSpeed;
17.            jump = false;
18.      }
19.     }
20.    move += gravity;
21.    control.Move(move * Time.deltaTime);
22. }
```

程序解说:

(1) 第 6 行: 先通过 Character Controller 组件判断主角是在地板上还是在空中,如果在地板上,玩家就可以通过空白键做跑步的动作。

(2) 第 9~10: 如果不在地板上,能够通过此行的计算方法来仿真出地心引力的动作。(注意: 主角自身没有 Physics(物理)计算的\Rigidbody 物理动作,所以才需要通过程序自

行计算）

（3）第 13 行：如果在地板上，就不做物理地心引力计算。

（4）第 15～17 行：如果在做跑步，就把跑步力加到物理地心引力的 Y 高度上，此时就会有类似 addforce（加上力）的动作。

（5）第 20 行：移动的数据加上地心引力的计算。

（6）第 21 行：向 Character Controller 组件要求移动主角的位置。

STEP4：人物动作处理和攻击动作

因为整个写法都不一样了，所以人物动作的动画也要重新整理一回。

样例程序中 AnimatorByAnimation | Asset | MyControl_move.cs 部分程序

```
1.    //柯博文老师 www.powenko.com
2.    public float jumpSpeed = 5f;
3.    float RunNumber = 0.5f;
4.    void Update () {
5.        //省略
6.        if( Input.GetAxis("Horizontal")> RunNumber  ||
                Input.GetAxis("Horizontal")<- RunNumber  ||
            Input.GetAxis("Vertical")> RunNumber ||
                Input.GetAxis("Vertical")<- RunNumber  {
7.            running = true;
8.        }else{
9.            running = false;
10.       }
11.       //省略
12.       //人物动作
13.    if (!control.isGrounded  && Input.GetKey(KeyCode.Space) ){
14.        Debug.Log("Jump");
15.        animation.CrossFade ("Jump");
16.    }else{
17.        if(control.isGrounded){
18.          if (Input.GetButton("Fire1")) {
19.            animation.CrossFade ("Attack");
20.          }else{
21.            if (running == true){
22.                animation.CrossFade ("Walk");
23.            }else{
24.                animation.CrossFade ("idle");
25.            }
26.          }
27.        }
28.     }
29.   }
```

程序解说：

(1) 第 6~8 行：判断用户按下移动按键的程度，来决定是否跑步。

(2) 第 12~15 行：如果是跳跃，则显示跳跃的人物动作。

(3) 第 18~19 行：如果玩家按下攻击按键(单击)发出攻击的动作时，先通过 Character Controller 组件判断主角是否在地板上，再显示跳跃的人物动作。

(4) 第 21~25 行：如果都不是，则判断是否在跑步，显示跑步或走路的人物动作。

如果执行时发现人物下陷在地板下或是漂浮在半空中，则把 Character Controller 人物控制的属性调整好即可。

STEP5：第三人称设计游戏的视角

为了让游戏看起来有第三人称设计游戏的样子，要如何设计摄影机紧跟着主角后面的动作？此时需要调整摄影机的位置与群组关系：

(1) 把 Main Camera 用鼠标拖曳的方法拉入红武士的模型群组内，如图 11-16 所示。

(2) 调整 Main Camera 的位置、旋转、镜头，以便能看到主角的头，如图 11-17 所示。

图 11-16　摄影机的群组　　　图 11-17　调整摄影机的位置与看出去的角度

运行结果：

执行时，如图 11-18 所示，就像是 3D 第三人称的角色扮演游戏一样，非常的流畅并且主角能合理地做出人物的反应和动作。

图 11-18　执行的情况

教学视频：

完整的教学视频可以在光盘中参看 unity_animation_5_MoveAndAni。

11.5　Avatar 动作捕捉器的人物动作

本节介绍 Unity 的新功能 Avatar(阿凡达)，就是蒙皮或 IK 的效果。现在市面上很多动作捕捉器，可否把用动作捕捉器抓下来的数据运用到 Unity 的人物的动作上面？

STEP1：第三人称设计游戏的视角

继续上节或者创建全新的项目，把红武士或 3D 人物上的组件先删除，只剩下 Character Controller，如图 11-19 所示。

STEP2：设定 IK 骨骼

设置红武士的 3D 模型(或其他的有骨骼的模型)，如图 11-20 所示。

（1）在 Assets 窗口上选中红武士的 3D 模型 FBX 的文件。

（2）单击 Rig 按钮。

（3）选择 Animation Type(动画式样)为 Humanoid。

（4）单击 Apply 按钮。

（5）单击 Configure 按钮，如图 11-21 所示。

图 11-19　调整 3D 人物组件

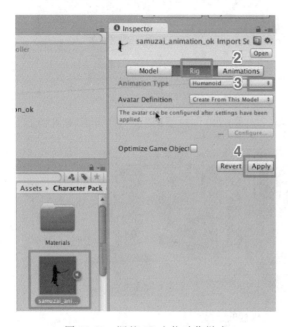

图 11-20　调整 3D 人物动作样式

图 11-21　单击 Configure 按钮

STEP3：指定 IK 骨骼模型

此时会进入 Avatar IK 骨骼配置画面，如图 11-22 所示。

（1）在 Mapping（映射）上面有个人物的造型，选中上面的关节圆球，如选中左手腕。

（2）就会在实际模型上显示该关节（左手腕）在人物上的所在位置。

（3）在 Hierarchy（层次）窗口上显示左手腕模型的位置。

（4）指定现在 Mapping（映射）的左手腕是用哪个模型。如果有错误，可以在此修改。

（5）将每一个关节都确认无误之后，单击 Apply 和 Done 按钮退出 Avatar IK 骨骼配置画面。

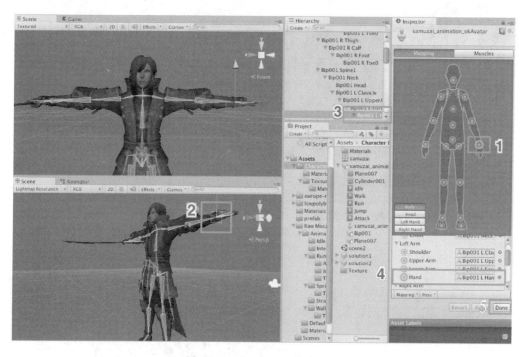

图 11-22　Avatar IK 骨骼配置

STEP4：新增 Animator Control 动画制作者控制

接下来也是 Unity 4 的新功能——Animator Control 动画制作者控制，它可以通过图形化的效果来控制人物动作，如图 11-23 所示。

（1）在 Assets 窗口上右击，从弹出的快捷菜单中选择 Create|Animator Control（动画制作者控制）命令，将其命名为 samuzai。

（2）单击 Animator Control 便会出现 Animator 窗口。

STEP5：加入动作捕捉器的数据

如果没有动作捕捉器，可以到 Assets Store 上下载 Unity 一个免费的动作捕捉器。打开商店街，并且寻找关键字 Raw Mocap data for Mecanim，找到图 11-24 所示的数据包。可下载并将其加入到项目中。

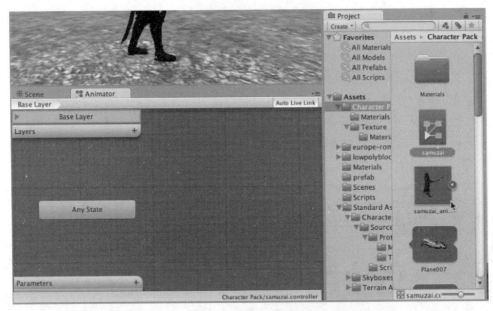

图 11-23　新增 Animator Control 动画制作者控制

图 11-24　动作捕捉器数据包 Raw Mocap data for Mecanim

在 Mecanim GDC2013 Sample Project 和 Mecanim Animation Store By Mixamo 中都有 Mecanim 动作捕捉器的数据，如图 11-25 所示。

STEP6：观看动作捕捉器的动作

下载成功之后，想要确认每一个动作捕捉器的动作，以及动画效果到底是怎样的，可以通过以下方法预览。

图 11-25　Mecanim GDC2013 Sample Project 和 Mecanim Animation Store By Mixamo

（1）在 Assets 窗口选中动作捕捉器的动作文件。

（2）Inspector 窗口中会出现人物，此时单击图 11-26 所示的位置，人物就会依照实际的资料做动作给你看。

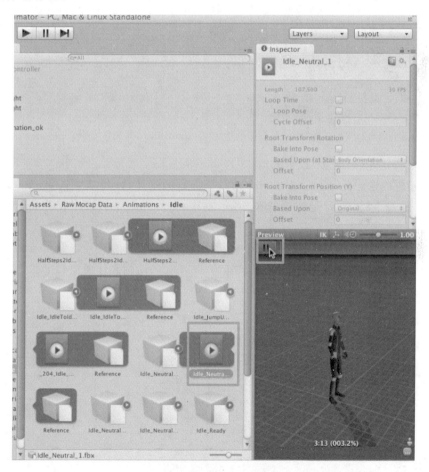

图 11-26　显示动作

STEP7：指定动作

如何将动作捕捉器的动作套用到人物上？

（1）选中一个平时休息的动作，如 Raw Mocap Data\Animations\Idle\Ide_Neutral_1\Ide_Neutral_1。

（2）打开新增的 Animator 动画制作者窗口。

（3）用鼠标拖动的方法将 Ide_Neutral_1 拖到 Animator 动画制作者窗口中。

如果成功，则会如图 11-27 所示，系统默认的动作就是用这个动作。

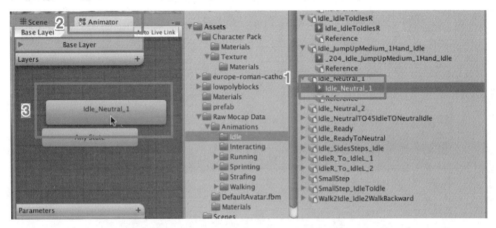

图 11-27　将动作捕捉器的动作拖到 Animator 动画制作者窗口中

STEP8：指定走路、跑步、攻击的动作

同样，还应挑选走路、跑步、攻击三个动作捕捉器的动作，并将其放入 Animator 动画制作者窗口。例如走路，笔者是使用 Raw Mocap Data\Animations\Idle\Walking\WalkFWD\WalkFWD。

（1）打开 Animator 动画制作者窗口。

（2）用鼠标拖动的方法将 WalkFWD 拖到 Animator 动画制作者窗口中。

如果成功，则会如图 11-28 所示。

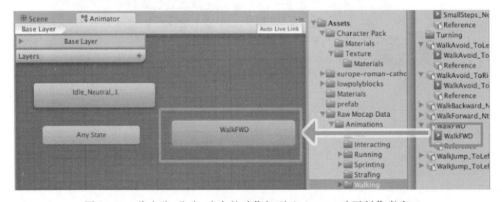

图 11-28　将走路、跑步、攻击的动作加到 Animator 动画制作者窗口

重复此步骤，加上跑步和攻击的动作。

STEP9：添加 Animator 动画制作者到 3D 主角上

相信用户一定很急着想看到套用到 3D 人物上的情况，如图 11-29 所示，可依照以下步骤设置：

(1) 选中游戏中的 3D 人物红武士。

(2) 选择 Component|Miscellaneous|Animator 命令添加 Animator 组件到 3D 人物上。

(3) 设置 Animator 组件属性。

① Controller：指定到 STEP4 的 Animator Control 动画制作者控制，名称为 samuzai。

② Avatar：指定主角的骨骼，也就是 STEP3 的指定 IK 骨骼模型。

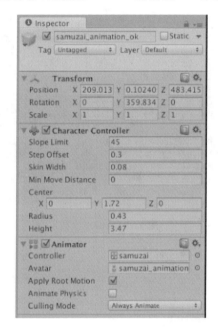

图 11-29　为 3D 模型指定 Animator 组件

运行结果：

运行如图 11-30 所示，就像 3D 真实人物一样，具有流畅的动作，可以比美电影的人物真实效果。当然，这些动作都是由真人表演，然后通过动作捕捉器抓下来的。

图 11-30　运行的情况

11.6 用程序来控制 Avatar 动作(1)

本节通过 Unity 的 Animator 方法和程序来改变 Avatar(阿凡达)人物的移动与动作效果。继续上一节,已经为红武士套用 Animator Control 动画制作者控制,让他平时就播放动作捕捉器 idle 的动作。将走路、跑步、攻击的动作也加到 Animator 动画制作者窗口中。

STEP10:添加 Parameters(参数)

依照之前的程序逻辑,分别添加三个 bool 布尔参数,分别是 running、jump、Attack,如图 11-31 所示。

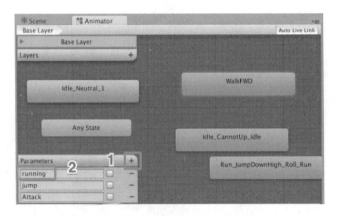

图 11-31　添加参数

STEP11:Make Transition 做迁移

如图 11-32 所示。

(1)单击 idle 按钮。

(2)右击选择 Make Transition。

(3)接下来就会出现一条带箭头的线,应把它拉到走路的方块上。

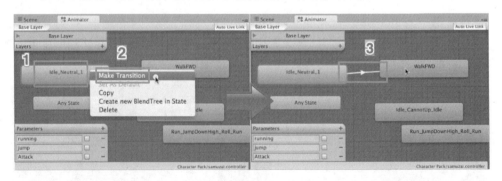

图 11-32　Make Transition 做迁移

STEP12：设置 Make Transition 做迁移的条件

接下来要设置从 idle 变成 Walk 的条件，如图 11-33 所示。

（1）选中 Make Transition 这条线。

（2）选中它的判断式。

（3）把 running 调整为 true，意思是当 running 的布尔代数等于 true 时，动作也就从 idle 变成 Walk。

图 11-33　设置 Make Transition 做迁移的条件

STEP13：新增 C♯语言

下面通过程序来控制 3D 人物的动作。添加一个 C♯程序 avatarContrl.cs，并且添加到主角红武士的 3D 模型上。把红武士上其他的 C♯都删除，只剩下 avatarContrl、Animator、Character Controller。其实你会发现这个程序与上一节的 MyControl_move.cs 的内容几乎一样，除了添加了第 19 行和第 78～80 行，并把 animation.CrossFade 这个原本的动作指令拿到。这是因为把动作的指令交给 Animator 来处理。

样例程序 AnimatorByAnimation|Asset|MyControl.cs 的部分

```
1.   //柯博文老师 www.powenko.com
2.   using UnityEngine;
3.   using System.Collections;
4.   public class avatarControl : MonoBehaviour {
5.       Vector3 move = Vector3.zero;
6.       Vector3 gravity = Vector3.zero;
7.       CharacterController control;
8.       public float walkSpeed = 1f;
9.       public float runSpeed = 5f;
10.      public float turnSpeed = 0.5f;
```

```
11.     public float jumpSpeed = 5f;
12.     protected bool jump;
13.     protected bool running;
14.     float RunNumber = 0.5f;
15.     private Animator manimator;
16.
17.     void Start () {
18.       control = GetComponent < CharacterController >();
19.       manimator = GetComponent < Animator >();
20.     }
21.
22.
23.     void Update () {                                                    //画面处理
24.
25.       gameObject. transform. Rotate (0, Input. GetAxis ("Horizontal") * turnSpeed * Time.
deltaTime,0);
26.       move = new Vector3(0,0, Input. GetAxis("Vertical"));
27.       move = transform. TransformDirection(move);
28.
29.       if( Input. GetAxis("Horizontal")> RunNumber   ||
                   Input. GetAxis("Horizontal")< - RunNumber   ||
30.         Input. GetAxis("Vertical")> RunNumber ||
                   Input. GetAxis("Vertical")< - RunNumber   ){        //按键处理
31.         running = true;
32.       }else{
33.         running = false;
34.       }
35.       if(running == true){
36.         move = move * runSpeed;                                       //跑步速度
37.       }else{
38.         move = move * walkSpeed;                                      //走路速度
39.       }
40.
41.       //跑步处理
42.       if (Input. GetKey(KeyCode. Space) && control. isGrounded){
43.         jump = true;
44.       }
45.
46.       if (!control. isGrounded){
47.         gravity += Physics. gravity * Time. deltaTime;
48.       }
49.       else{
50.         gravity = Vector3. zero;
51.
52.         if (jump)
53.         {
```

```
54.            gravity.y = jumpSpeed;
55.            jump = false;
56.         }
57.      }
58.    move += gravity;
59.    control.Move(move * Time.deltaTime);                    //依照时间移动位置
60.
61.    //动作处理
62.   bool t_jump = false;
63.   bool t_Attack = false;
64.   if (!control.isGrounded  && Input.GetKey(KeyCode.Space) ){  //跑步
65.      Debug.Log("Jump");
66.      t_jump = true;
67.   }else{
68.      t_jump = false;
69.      if(control.isGrounded){
70.         if (Input.GetButton("Fire1")) {
71.            t_Attack = true;
72.         }else{
73.            t_Attack = false;
74.         }
75.      }
76.   }
77.   //把动作传给 Animator
78.   manimator.SetBool("running",running);
79.   manimator.SetBool("Attack",t_Attack);
80.   manimator.SetBool("jump",t_jump);
81.   }
82. }
```

程序解说：

（1）第 78 行：指定 animator 中的布尔参数 running 为 running。

（2）第 79 行：指定 Attack 中的布尔参数 running，设定为变数 Attack。

（3）第 80 行：指定 jump 中的布尔参数 running，设定为变数 jump。

运行结果：

执行游戏如图 11-34 所示，会发现主角在原本 idle(发呆)的状况下，当用户按下键盘移动，就会把动作变成 Walk(走路)的动作，但是还有几个问题，下一节再谈。

图 11-34　执行的情况

教学视频:

为方便读者了解本节的内容,可以学习完整的教学视频 unity_animator_1_avatar。

11.7 用程序来控制 Avatar 动作(2)

上一节通过 Unity 的 Animator 方法和程序来改变 Avatar(阿凡达)人物的移动与动作效果不理想,继续上一节。

当主角在原本 idle(发呆)的状况下,用户按下键盘移动,就会把动作变成 Walk(走路),但是还有几个问题:

(1)当移动停止时,动作不会由 Walk(走路)变成 idle(发呆)。

(2)没有跑步、攻击的人物动作。

如何处理这些问题?其实 Animator 窗口中的 Make Transition 做迁移的动作只有一个——从 idle(发呆)到 Walk(走路),其他的还都没有处理完毕。

只要依照 STEP11 和 STEP12 把所有设置 Make Transition 做迁移的条件(见表 11-1)全部处理完就可以了,如图 11-35 所示。

表 11-1 做迁移的条件

Make Transition 做迁移的条件的别名	Parameters 变量	数 值
1	jump	FALSE
2	jump	TRUE
3	running	FALSE
4	running	TRUE
5	Attack	FALSE
6	Attack	TRUE
7	jump	TRUE
8	Attack	TRUE

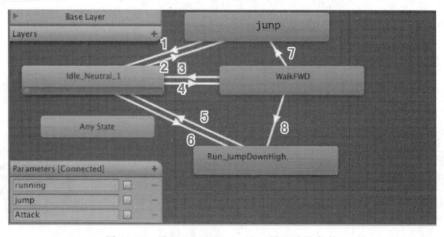

图 11-35 设置 Make Transition 做迁移的条件

运行结果:

至此运行的效果非常的专业并且很流畅,效果很棒,期待能看到你的游戏也具有这样次世代主机般的人物动作,如图 11-36 所示。

图 11-36　执行的情况

教学视频:

为方便读者了解本节的内容,可以学习完整的教学视频 unity_animator_2_ani_byCode。

补充资料:

Mecanim Control 是一个不错的 Lib,如图 11-37 所示,如果需要通过程序来控制动作播放,应当是不错的选择,这样就不必辛苦地设定 Make Transition 做迁移的条件。

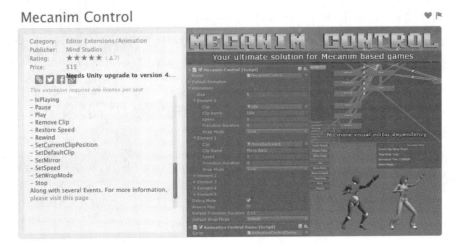

图 11-37　Mecanim Control

11.8　人物碰撞 OnTriggerEnter——捡宝物

本节介绍如何在游戏中放宝物,让主角去收集珠宝,从中学会人物如何侦测取得宝物、碰撞并计算游戏中有多少个珠宝。

STEP1: 下载 Gem Shader 资源包到项目中

继续上一个范例。首先需要添加漂亮的宝物,这里再次借用 Asset Store 中的 Gem Shader 来当宝物。到 Asset Store 中搜寻 Gem Shader,并且下载资源包到项目中,如图 11-38 所示。

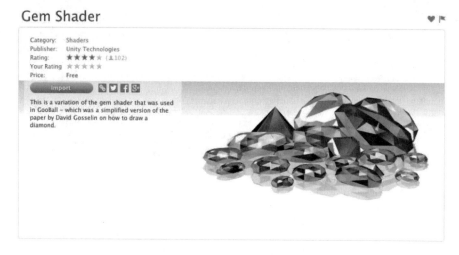

图 11-38　Gem Shader 资源包

STEP2：新增宝物到游戏中

下载后，通过 Assets 窗口，在 Gem Shader\Example\Sources\中有几个 diamon，将它们拉到游戏场景中，调整位置和大小，建议先放在主角的面前，这样方便测试。如果执行游戏，会发现宝石会直接穿过山水场景掉下去。所以需要做以下设定，如图 11-39 所示。

（1）把宝物的 Tag 设定为 Respawn，意思是等程序判断这是不是宝物。

（2）把 Sphere Collider 的 Is Trigger 关闭，这样宝物就不会直接穿过山水场景掉下去。

（3）由于程序还是需要有 Trigger 的触发事件，所以选择 Compoment|Physics|Sphere Collider 命令并且做以下设定。

① 将 Is Trigger 打开。

② 修改 Center 的位置和 Radius 侦测碰撞的范围。

同样的步骤，在游戏场景中多增加几个宝物。

STEP3：修改 C# 语言来做捡宝物的动作

把 avatarContrl.cs 程序打开，增加捡宝物的动作和显示分数的画面。

范例程序 AnimatorByAnimation\Asset\MyControl . cs 的部分

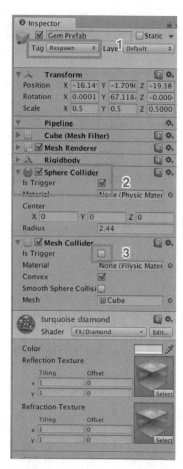

图 11-39　宝物的属性

```
1.   //柯博文老师 www.powenko.com
2.   public class avatarControl : MonoBehaviour {
3.       int GemTotal = 0;
4.       int GemCurrent = 0;
5.       //Use this for initialization
6.       void Start () {
7.         //省略
8.         GameObject[] t1 = GameObject.FindGameObjectsWithTag("Respawn");
9.         GemTotal = t1.Length;
10.      }
11.
12.    //省略
13.
14.    void OnTriggerEnter (Collider other) {
15.      if(other.tag == "Respawn"){
16.          Destroy(other.gameObject);
17.          GemCurrent += 1;
18.      }
19.    }
20.
21.    void OnGUI(){
22.      //显示 GUI 使用该界面
23.      GUI.Label(new Rect(5,5,100,20)," Gem: " + GemCurrent + " / " + GemTotal);
24.    }
25.
26.  }
27.
```

程序解说：

（1）第 8 行：找现在游戏中有多少个游戏物件的 Tag 标签设定为 Respawn。

（2）第 9 行：计算总数。

（3）第 14 行：当主角碰到有 Is Trigger 的碰撞点 Collider，会调用这个函数。

（4）第 15 行：判断是不是宝物。

（5）第 16～17 行：消除宝物和加分。

（6）第 23 行：显示捡到几个宝物和全部有几个宝物。

完整的范例程序可以在光盘中的 Collider\Asset\After.unity 中找到，如果想依照书中的范例自行设计，则可以使用 Before.unity。

这几乎已经是可以商业化的游戏，很多捡宝物的游戏原理都是这样，剩下的就是锦上添花，增加游戏的趣味性和关卡的设计。

运行结果：

现在执行游戏，如图 11-40 所示，主角只要走过宝物，就会增加 1 分，并且把宝物捡起来。

图 11-40　执行的情况

教学视频：

为方便读者了解本节的内容，可以学习完整的教学视频 unity_colider。

本章习题

1. 问答题

（1）animation. CrossFade 的功能是什么？

    A. 指定新的动作　　B. 地心引力影响　　C. 物理推力影响　　D. 以上皆是

（2）Avatar IK 的功能是什么？

    A. 地心引力　　　　B. 设置模型的骨骼　C. 音乐　　　　　　D. 动画

（3）Physics. gravity 的功能是什么？

    A. 设置画面上的文字 GUI 外观　　　　B. 物理地心引力

    C. 碰撞　　　　　　　　　　　　　　D. 查询是否有游戏对象在特定位置上

2. 实作题

（1）依照本章教学，修改游戏，多添加几个宝物让游戏更有趣。

（2）修改本章游戏，使其成为自己想要的风格，并添加其他图片、模型、游戏对象，以增加游戏画面的效果。

第 12 章

跨所有平台的游戏发布

本章介绍如何将开发的 App 上架到 Google Play 的整个流程,完成后的效果如图 12-0 所示。

图 12-0　本章的目标完成图

12.1　发布 Windows、Mac、Linux 版的游戏

写了这么多的游戏,那么如何在不同的平台发布或者是提供给朋友做测试或分享?本节将介绍如何发布 Windows、Mac、Linux 版的游戏。可依照以下步骤完成。

STEP1:设置发布

打开要发布的项目,选择 File|Build Settings 命令来做设置,如图 12-1 所示。

STEP2:选择平台

(1) 选择 PC,Mac & Linux 平台,并单击 Switch Platform 按钮来切换发布平台,如图 12-2 所示。

(2) 单击 Add Current 按钮,把现在的场景放在要发布的

图 12-1　设定发布

游戏中。如果还有其他的场景,可用鼠标拖拉的方法将其拖到上面的视窗,第一个列出来的场景便是游戏一开始执行的场景。

(3)通过 Target Platform 可以选取要输出的操作系统平台是 PC、Mac 还是 Linux ,而 Architecture 是设定要执行该游戏的 CPU 的种类。

(4)单击 Build And Run 按钮进行建立与执行。

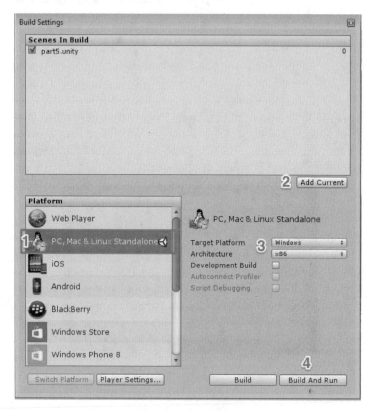

图 12-2　选取平台

STEP3:选择存储位置

选定要存储的位置和要运行文件的名称后,单击 Save 按钮做存储的功能,如图 12-3 所示。

STEP4:等待输出

输出的时间依照项目的大小而有所差异,请耐心等待,如图 12-4 所示。

运行结果:

输出结束后,便会产生执行文件,将其复制到操作系统上,单击后就能执行,如图 12-5 所示。

开始时,系统会询问用户执行的画面的大小和画质,如图 12-6 所示。

设定之后,就可以在 PC 上面执行 Unity 的游戏,如图 12-7 所示。

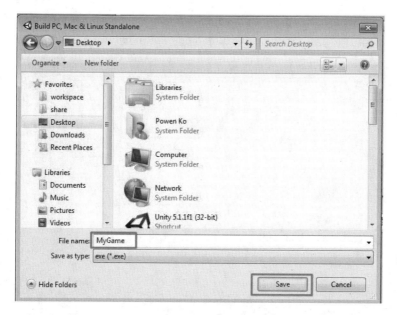

图 12-3　存储位置

图 12-4　等待输出

图 12-5　运行结果

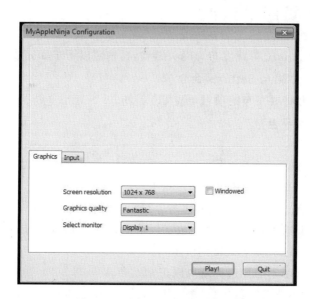

图 12-6　设定画面的大小和画质

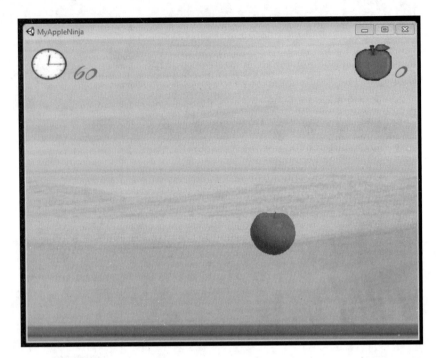

图 12-7　游戏的执行情况

教学视频：

完整的教学视频见 ch12_1_release_windows_version. mp4。

12.2　发布网页版的游戏

本节介绍如何将 Unity 游戏发布为网页游戏，可依照以下步骤完成。

STEP1：选择 File|Build Settings 命令

如同上一节，打开将要发布的项目，选择 File|Build Settings 命令进行设置发布。

STEP2：选择网页平台

如图 12-8 所示。

（1）选择 Web Player。

（2）单击 Switch Platform 按钮切换发布平台。

（3）单击 Build And Run 按钮做创建与运行。

在这里还有三个选项，分别是 Streamed（动态版本）、Offline Deployment（脱机开发版）、Development Build（开发者调试用版本）。

一般来说，这三项都不需要选择就可以正常发布。

如果列表中选项不够，还可以通过单击 Player Settings 按钮做细部的设置。

图 12-8　选取网页平台

STEP3：选择存储位置

确定要存储的位置和文件夹名称，完成后便可以单击 Save 按钮做存储的功能，如图 12-9 所示。

图 12-9　存储位置

STEP4：等待输出

输出的时间依照项目的大小而有所差异，请耐心等待，如图 12-10 所示。

运行结果：

输出结束后，便会产生 HTML 网页的文件和一个 Unity 的资料文件，可以直接选中该 HTML 通过 IE、Firefox 等浏览器执行，或者把这两个文件上传到网页空间中，通过 URL 分享该游戏，如图 12-11 所示。

图 12-10　等待输出　　　　　　　　　　图 12-11　输出结果

通过网络启动后，因为大多数用户没有安装 Unity，所以浏览器会要求安装外挂程序。可单击允许和安装，如图 12-12 所示。

图 12-12　下载安装

安装完毕后，便会通过外挂程序运行 Unity 的游戏，如图 12-13 所示。

如果是使用 IE 或其他浏览器，还需要同意并启动防火墙，如图 12-14 所示。

完成之后，如图 12-15 所示，就可以顺利通过浏览器来玩游戏了。也可以将文件上传到 FB、网页空间中，让更多人来玩。

图 12-13　安装游戏

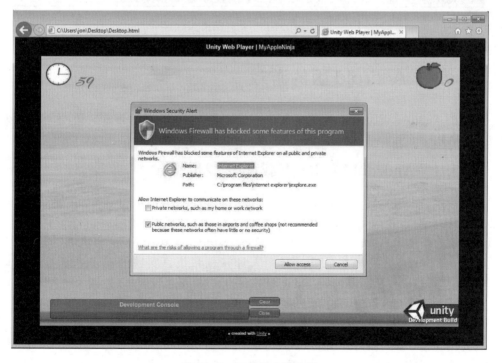

图 12-14　同意启动防火墙

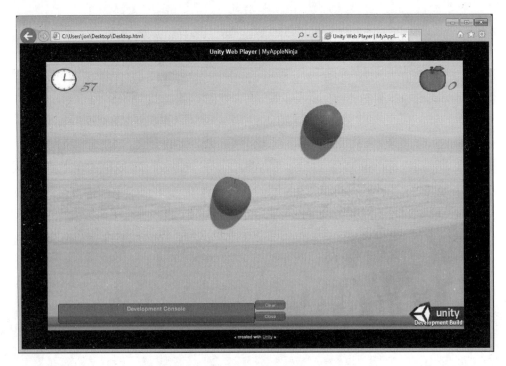

图 12-15　运行结果

12.3　发布 Android 版的游戏

在发布 Android 版的游戏之前，需要先下载和安装 Android 的开发工具，才能顺利地产生发布的 APP。

12.3.1　Android Studio 下载和安装步骤

当前开发 Android 有两个工具，一个是旧的 Eclipse 版本，另一个是 2015 年年初才推出来的新工具 Android Studio。因为现在官方的网站上已经把旧版的 Eclipse 链接给删除了，所以在本章介绍使用 Android Studio 来取得 Unity 工具编译 Android SDK 的方法。

Android Studio 开发环境需要一套个人计算机系统。支持的操作系统有 Windows XP、Vista、Windows 7、Windows 8、Mac OS X 10.4.8 或之后版本（适用 x86 结构的 Intel Mac）、Linux（官方于 Ubuntu 6.10 Dapper Drake 上测试）。

STEP1：下载文件 Android Studio

打开浏览器，输入网址 http://developer.android.com/sdk，单击 Download Android Studio 下载最新的 Android Studio 版本，如图 12-16 所示。

STEP2：版权同意后下载

版权同意页如图 12-17 所示：

图 12-16 下载最新版本的 SDK

（1）选中 I have read and agree with the above terms and conditions 复选框。

（2）单击 Download Android Studio for Windows 按钮。

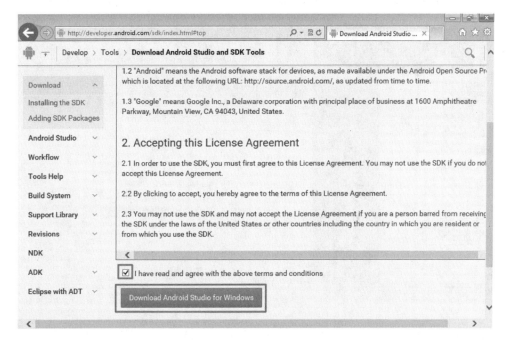

图 12-17 同意并下载

STEP3：下载后运行安装

下载完成后，运行安装的脚本，如图 12-18 所示，双击 android-studio-bundle-135.1641136 进行安装。

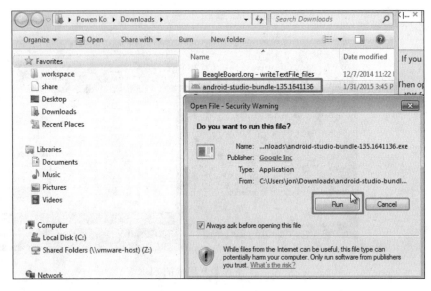

图 12-18   进行安装

当安装成功时，如图 12-19 所示，就会看到程序集中有 Android Studio。

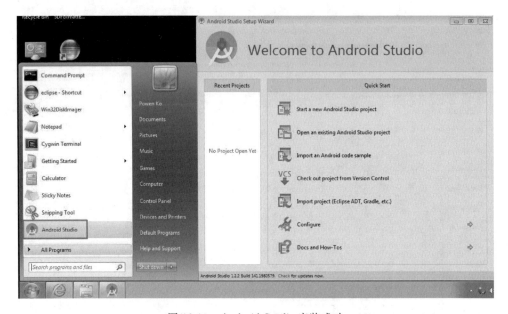

图 12-19   Android Studio 安装成功

教学视频：

完整的教学视频见 AndroidStudio_DownloadInstall。

12.3.2　安装和设定 Android SDK

因为需要使用 Android SDK，所以请依照以下步骤设置 SDK。

STEP1：打开 SDK Manager

运行 Android Studio 并且单击 SDK Manager，用来设置 SDK，如图 12-20 所示。

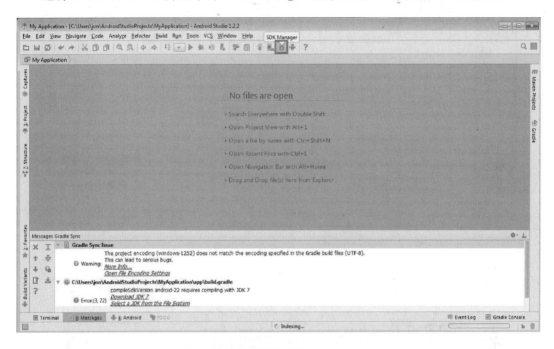

图 12-20　打开 SDK Manager

STEP2：下载后运行安装

在 SDK Manager 窗口中，如图 12-21 所示，选中其中的 SDK，例如选中 Android 4.0.3 版本，并且单击 Install 32 packages 按钮。

STEP3：同意且下载

如图 12-22 所示，选中 Android SDK License，并且选中 Accept License 单选按钮，完成后单击 Install 按钮进行安装。

STEP4：完成下载

稍等之后，如图 12-23 所示，就能完成下载。

教学视频：

完整的教学视频见 AndroidStudio_downloadSDK。

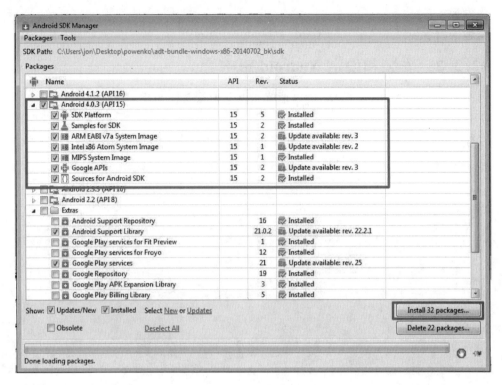

图 12-21　下载后运行安装

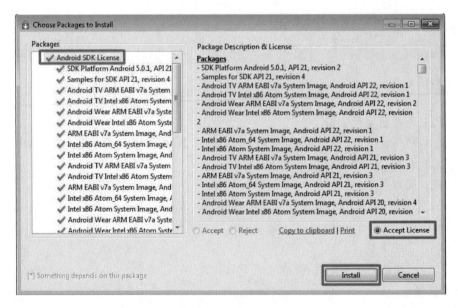

图 12-22　同意且下载

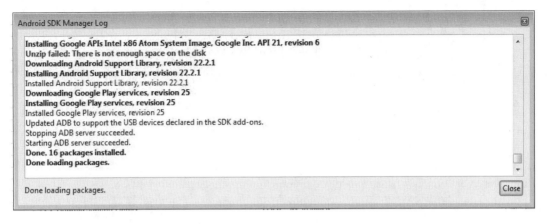

图 12-23 完成下载

12.3.3 发布 Android 游戏

本节介绍如何将 Unity 游戏设置并且发布为 Android APP,请依照以下步骤设置。

STEP1:选择 File|Build Settings 命令

打开将要发布的项目,选择 File|Build Settings 命令进行设置发布。

STEP2:选择 Android 平台

(1) 选择 Android。

(2) 单击 Switch Platform 按钮来切换发布平台。

在这里还有三个选项,分别是 Texture Compression(纹理压缩方法)、Google Android Project(产生 Android 原始程序项目)、Development Build(开发者调试用版本)。

一般来说,这三项都不需要选择就可以正常发布。

STEP3:设置 Android 环境

如图 12-24 所示,单击 Player Settings 按钮设置 Android APP。

其中有几个重要的参数,如图 12-25 所示,并且推荐要修改的有:

(1) Company Name:公司的名称,限英文。

(2) Product Name:APP 的名称。

(3) Default Icon:APP 的 Icon 图片,应事先做好一张 192X192 的 JPG 图片,并且选择加入。

在 Settings for Android 下的 Resolution and Presentation 中,有几个重要的选项,请自行依照游戏的特性调整:

(1) Default Orientation:APP 引导的默认方向。

(2) Portrait:支持直立。

(3) Portrait Upside Down:支持直立,但上下颠倒。

(4) Landscape Right:支持水平画面(右转)。

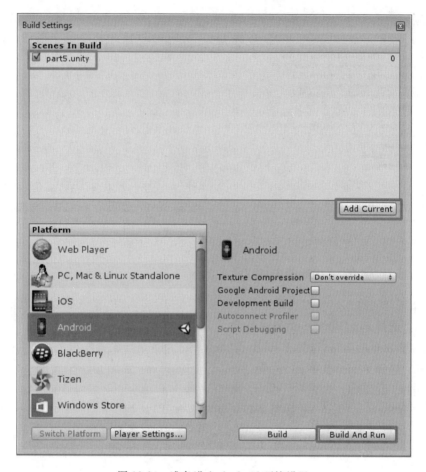

图 12-24　准备进入 Android 环境设置

（5）Landscape Left：支持水平画面（左转）。

（6）Status Bar Hidden：安卓手机最上方的状态栏是否要显示。

STEP4：设置 Icon

如图 12-26 所示，在 Settings for Android 下的 Icon 中设置 APP 的 Icon 图像，在 Default Icon 中已经可以设置大致的样子，如果想针对每一个尺寸做设置，可以逐一地调整和指定文件。

STEP5：设定 Android 安全认证钥匙

如图 12-27 所示，在 Settings for Android 下 Publishing Settings 中设定 Keystore（安全认证钥匙），这是用于证明和签署开发者。

在本节的补充资料中有一个比较正式的方法可以建立全新的安全认证钥匙。

如果之前已经设定使用安全认证钥匙，可以选中 Use Existing Keystore 复选框，并选取 Browser Keystore 指定该钥匙档案。

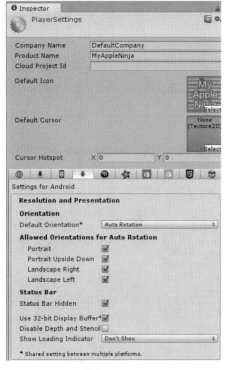

图 12-25　进入 Android 环境设置

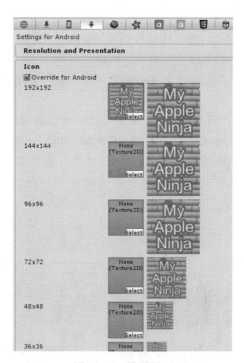

图 12-26　设置 Icon

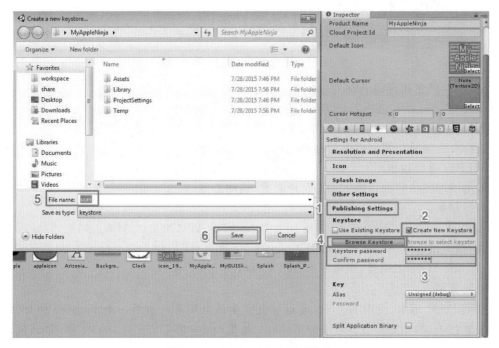

图 12-27　Android 安全认证钥匙

Unity 本身也有一个快速的建立安全认证钥匙的方法,可依照以下步骤来完成:

(1) 选取 Publishing Settings。

(2) 选中 Create New Keystore 复选框。

(3) 设定安全认证钥匙的密码。

(4) 通过 Browse Keystore 选取要存储的文件名和位置。

(5) 指定文件名。

(6) 单击 Save 按钮存储安全认证钥匙。

存储之后如图 12-28 所示,选中 Alias,第一次使用时会出现 Create a new key 窗口,依照实际情况填写个人资料,该资料会存储在安全认证钥匙中。

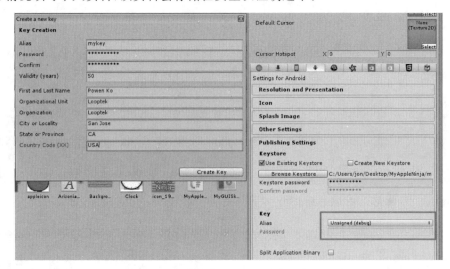

图 12-28　使用 Android 安全认证钥匙

STEP6:产生和存储 APK

如图 12-29 所示,选择 File|Build Settings 命令,并且单击 Build And Run 按钮。

STEP7:选择存储位置

选择要存储的位置文件夹名称,单击 Save 按钮保存。

STEP8:等待输出

输出的时间依照项目的大小而有所差异,请耐心等待。

运行结果:

如图 12-30 所示,输出结束后,便会生成 Android APP 的文件 APK。当把该 APK 复制给他人,则可以通过 Android 上的 APP Installer 这类 APP 来安装。若在手机上测试或上传到 Google Store 上销售,则可以参考第 13 章,其中有详细的解说。

补充资料:

如图 12-31 所示,使用 Keytool 正式建立安全认证钥匙。查找一个 Keytool 执行文件,如果安装过 Java,则会在该路径下记下路径;如果没有,也可以下载 Oracle 和 JDK,网址是 http://www.oracle.com/technetwork/java/javase/downloads/index.html。

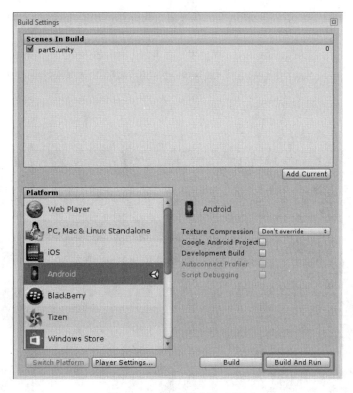

图 12-29　产生和存储 APK

图 12-30　输出结果

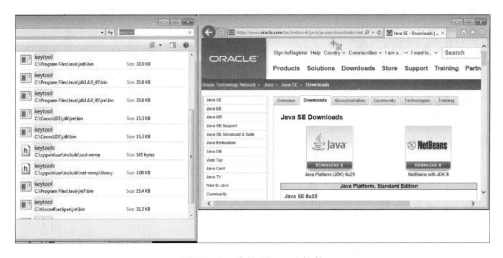

图 12-31　确认 Keytool 软件

同样,如果要上传到 Google Play,也要签署 keystore 认证,同样是用这个方法产生,如图 12-32 所示。

```
keytool -genkey -v -keystore my.keystore  -alias MyKey -keyalg RSA -validity 10000
```

并且依照提示,输入密码、公司名称、个人名称等。

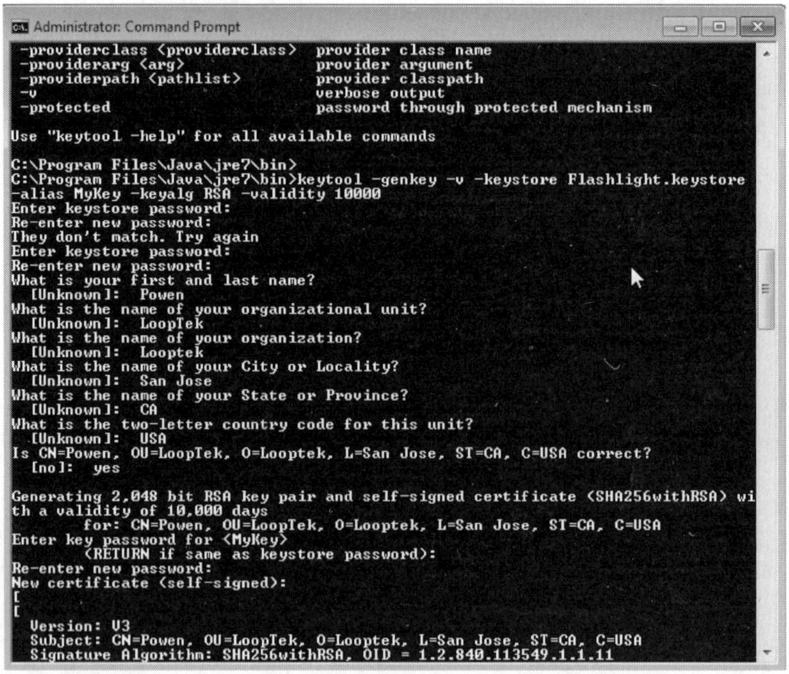

图 12-32　产生个人认证 keystore

12.4　发布 iOS 版的游戏

发布 iOS 版的游戏需要先下载和安装 Xcode 的开发工具,并且在 Mac 机器上才能顺利地产生发布的 APP。

在分发和上传 iOS APP 时需要有 Xcode 开发工具,可依照以下方法安装和设置 Xcode。

STEP1:打开 Mac App Store 应用程序

如图 12-33 所示,打开 Mac App Store 应用程序。

STEP2:查找并安装 Mac App Store 应用程序

在 Mac App Store 应用程序中通过寻找功能查找 Xcode 软件,并且将其下载,如图 12-34 所示。

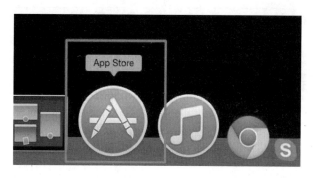

图 12-33　打开 Mac App Store 应用程序

图 12-34　寻找 Xcode

如图 12-35 所示，单击后就能够进入 APP 的介绍页，可单击 Get 按钮进行安装和下载。

STEP3：输入账号

如图 12-36 所示，输入 Apple ID 和密码。

STEP4：下载软件

如图 12-37 所示，单击 Agree（同意）按钮后，就可以下载软件，安装的整个流程系统会自动进行。

图 12-35　安装下载

图 12-36　登录

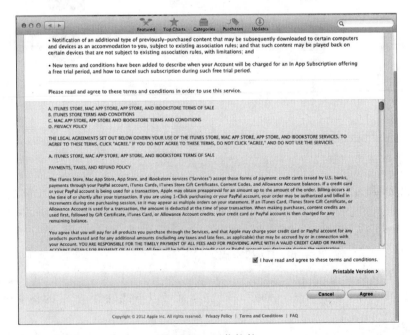

图 12-37　下载软件

12.5 引导开发环境 Xcode

如何引导开发环境 Xcode？依照以下步骤就可以打开 Xcode 开发工具。

STEP1：打开 Xcode

引导 Finder，如图 12-38 所示，到程序集中找到 Xcode 并将其打开，路径是 Applications\Xcode. app。

图 12-38 选择 Applications\Xcode. app

STEP2：显示引导 Xcode

成功引导 Xcode 后如图 12-39 所示。

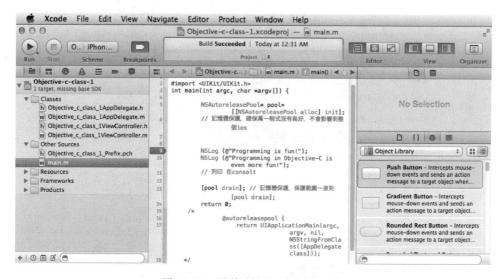

图 12-39 顺利引导 Xcode 开发工具

因为这节的重点是用 Unity 来发布 iOS 游戏，所以只需要确认 Xcode 能正常运行就可以了。

若要将 Unity 游戏设置并且发布为 iOS APP，可依照下列步骤设置。

STEP3：选择 File|Build Settings 命令

打开将要发布的项目，选择 File|Build Settings 命令进行设置发布。

STEP4：选择 iOS 平台

（1）选择 iOS。

（2）单击 Switch Platform 按钮来切换发布平台。

在这里还有三个选项，分别是 Run in Xcode as(运行 Xcode 是用哪一个模式)、Symlink Unity libraries(链接 Unity 函数库)、Development Build(开发者调试用版本)。

一般来说，这三项都不需要选择就可以正常发布。

STEP5：设置 iOS

（1）选择 iOS。

（2）单击 Player Settings 按钮设置 iOS，如图 12-40 所示。

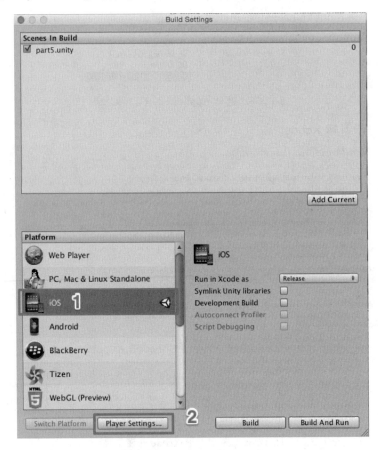

图 12-40　进入 iOS 环境设置

STEP6：iOS 基本设置

在 iOS 中有几个重要的设置，如图 12-41 所示，推荐要修改的有：

（1）Company Name：公司的名称，限英文。

（2）Product Name：APP 的名称。

（3）Cloud Project Id：设置 Apple Cloud 云端项目的 Id。

（4）Default Icon：APP 的 Icon 图片，应事先做好一张 192×192 的 JPG 图片，并且选择加入。

STEP7：iOS 环境设置

如图 12-42 所示，在 Settings for iOS 下的 Resolution and Presentation 中，有几个重要的选项，请自行依照游戏的特性调整：

（1）Default Orientation：APP 引导的默认方向为 Auto Rotation（自动旋转）。

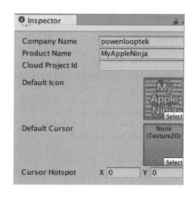

图 12-41　iOS 基本设置

（2）Use Animated Autorotation：旋转时产生动画效果。

（3）Portrait：支持直立。

（4）Portrait Upside Down：支持直立，但上下颠倒。

（5）Landscape Right：支持水平画面（右转）。

（6）Landscape Left：支持水平画面（左转）。

（7）Status Bar Hidden：iOS 手机最上方的状态栏是否要显示。

（8）Status Bar Style：状态栏的样式。

（9）Disable Depth and Stencil：禁用深度和模板。

（10）Show Loading Indicator：显示加载进度器。

STEP8：设定 Icon

如图 12-43 所示，在 Settings for iOS 下的 Icon 中设定 APP 的 Icon 图像。在前面的 Default Icon 中已经可以设定大致的样子，如果想针对每一个尺寸做设定，可以逐一地调整和指定文件。

图 12-42　进入 iOS 环境设置

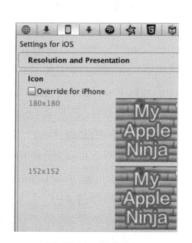

图 12-43　设定 Icon

STEP9：设定 Splash Image 启动画面

如图 12-44 所示，在 Settings for iOS 下的 Icon 中设定 APP 的 Splash Image 启动画面，可以在此指定启动画面和文件。

如图 12-45 所示，还可以指定 Launch Screen 启动。

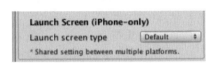

图 12-44　设定启动画面　　　　　　　　　图 12-45　指定启动样式

STEP10：其他设定

在 Settings for iOS 下的 Other Settings 中有几个较重要的项目，如图 12-46 所示：

（1）Rendering Path：渲染路径。

（2）Automatic Graphics API：自动图形 API。

（3）Static Batching：静态批次。

（4）Dynamic Batching：动态批次。

（5）GPU Skinning：图形显示的外观。

（6）Bundle Identifier：APP 认证号码，用来上传到 Apple Store 和在实际机器上测试重要的号码，详细请看第 13 章。

（7）Bundle Version：APP 的版本编号。

（8）Scripting Backend：使用 Mono 程序语言的版本。

（9）Target Device：设定此 APP 可以在 iPhone 或（和）iPad 上执行。

（10）Target Resolution：显示器解析度。

（11）Accelerometer Frequency：水平垂直感应器的感测速度。

（12）Api Compatibility Level：Mono 程序的使用版本，建议使用.Net 2.0 Subset。

（13）Target iOS Version：使用 iOS 的 SDK 版本，建议设定到最新的版本。

（14）Script Call Optimization：执行的速度。

STEP11：产生和存储 APK

等一切都设定完毕后，选择 File|Build Settings 命令，并且单击 Build And Run 按钮。选择要存储的 iOS 项目的位置和文件夹名称后便可以单击 Save 按钮做存储的功能。

图 12-46　其他的设定

STEP12：等待输出

输出的时间依照项目的大小而有所差异，请耐心等待后，Unity 便会自动开启 Xcode。

运行结果：

输出结束后，如图 12-47 所示，便会产生 Xcode 项目，Unity 便会自动开启 Xcode。若要在手机上测试或上传到 Apple Store 上销售，可以参考第 13 章，其中有详细的解说。

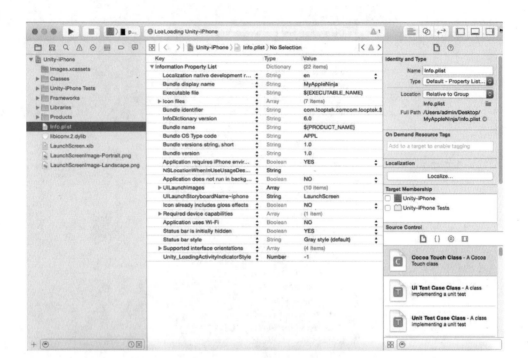

图 12-47　输出结果

本章习题

1. 问答题

（1）Unity 可以发布到哪些操作系统上？

（2）APK 的用途是什么？

2. 实作题

（1）依照本章所学的技巧，将游戏包装成一个 APK 或 iOS 的项目。

（2）依照本章所学的技巧，将游戏发布到网页。

第 13 章　Unity 3D 发布上架与在实际设备测试

本章讲解将开发的 App 上架到 Google Play 和 Apple Store 的整个流程，完成目标后的效果如图 13-0 所示。

图 13-0　本章的目标完成图

13.1　Unity 游戏在 Android 机器上测试

在开发 Unity 游戏时，推荐尽量使用实际 Android 硬件的设备来开发，这样测试的速度与开发的时间和效率才会比较好。如果经费允许，用 Android 手机来做测试环境会是很好的选择，且使用 CPU 速度快一些的机器，可以帮助你很多。

STEP1：在手机上打开 USB debugging（调试设置）

在实际的 Android 手机连接计算机之前，如图 13-1 所示，必须在手机上打开程序 USB debugging，即选择 Settings（设置）| Applications（应用程序）| Development（开发者设置）| USB debugging（调试设置）。不同品牌的手机 USB debugging（调试设置）摆放位置会稍微不同。像三星手机还需要在软件编号上面按 5 次才会出现，相关设置可在该手机网站上查询。

STEP2：下载驱动程序

在大多数的 Android 设备上，通过 Windows 操作系统就可以使用 Google 官方的驱动程序，通过 Android Studio 中的 SDK Manager，选中 Extras 中的 Google USB Driver package 就会下载驱动程序。下载后的驱动程序会放在 SDK Manager 下的 sdk\extras\google\usb_ driver,把手机打开后通过 USB 线连接到计算机上,看看是否有反应,如图 13-2 所示。

图 13-1　选中 USB debugging

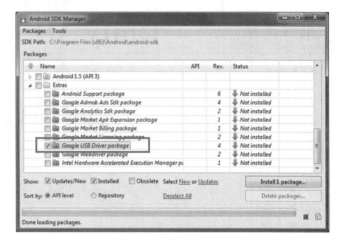

图 13-2　下载驱动程序

　　如果使用 Google 官方的驱动程序后还是不能顺利安装,则推荐使用手机公司的驱动程序。例如,使用 SAMSUNG 手机时,先查询一下手机的种类与型号,到 http://www. samsung. com/us/support/downloads 上选中手机型号,就可以顺利下载驱动程序,如图 13-3 所示。

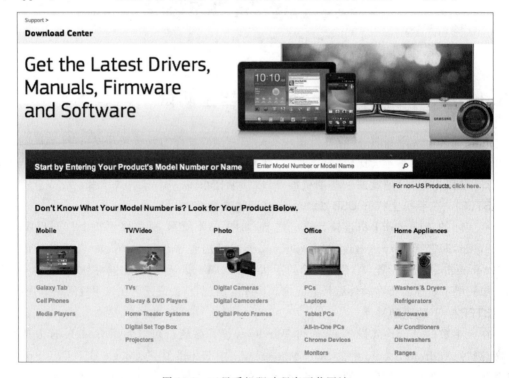

图 13-3　三星手机驱动程序下载网站

又如,使用 HTC 手机时,该 USB 的驱动程序在 HTC Sync Manager,下载 HTC Sync Manager 的官方网址是 http://www.htc.com/tw/software/htc-sync-manager/,如图 13-4 所示。

图 13-4　HTC 手机驱动程序在 HTC Sync Manager 的下载网站

STEP3：指定驱动程序

把手机的 USB 连接线接到计算机上,如果是第一次引导,Windows 系统要指定驱动程序。强制指定安装窗口中的路径到手机上的驱动程序,安装一次便可。

STEP4：在 Android 设备上运行游戏

选择 File|Build Settings 命令,并且单击 Build And Run 按钮。

结果：

设置完成后,Unity 会自动地将游戏安装和运行到该 Android 手机或平板计算机上,画面看起来如图 13-5 所示。

图 13-5　成功后就可以将游戏运行到 Android 设备上

13.2　到 Google Play 卖软件

如果一切顺利,接下来就要上传贩卖的 APK。

STEP1：上 Google Play 后台

到网址 http://developer.android.com/distribute/index.html 中把相关数据填写好,并且单击 Developer Console,如图 13-6 所示。

STEP2：登录并缴费

用 gmail 账号进行登录并且需要缴费 25 美元,可以通过信用卡缴纳,这是一次性的费用,以后就不会再收取了。待认证缴费的动作之后,就可以登录 Google Play 的管理后台,如图 13-7 所示。

图 13-6　上 Google Play 后台

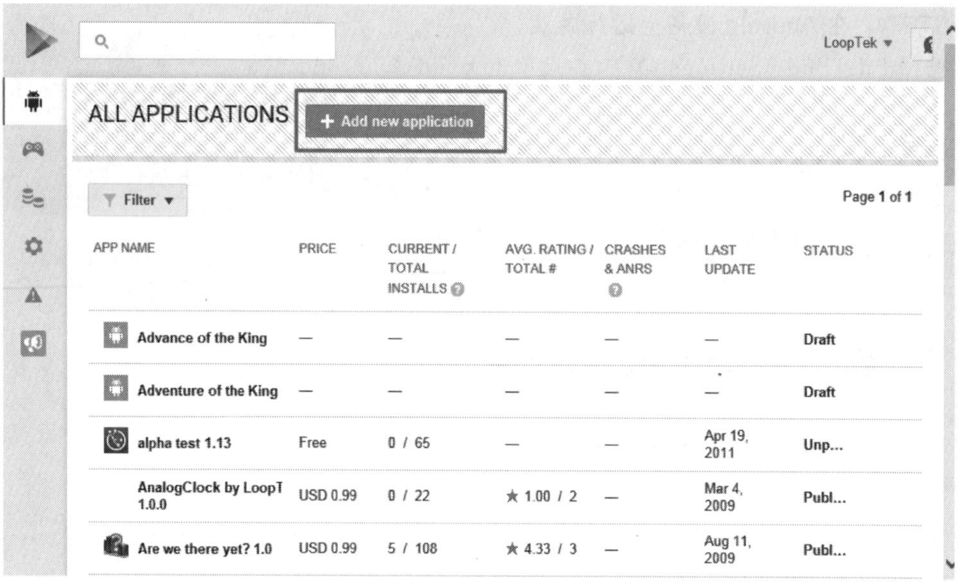

图 13-7　登录并交费

STEP 3：通过 zipalign 软件压缩 App

要准备上传的 APK 文件，还需要使用特别的软件 zipalign 对文件进行压缩。查找该文件，这里笔者将它放在了 Android 的 SDK 中的 android sdk\build-tools\21.1.2 路径中，并且通过以下指令压缩。

```
Zipalign - v 4 MyVideoPlayer.apk MyVideoPlayer2.apk
```

可自行依照实际状况修改文件名称,如图 13-8 所示。

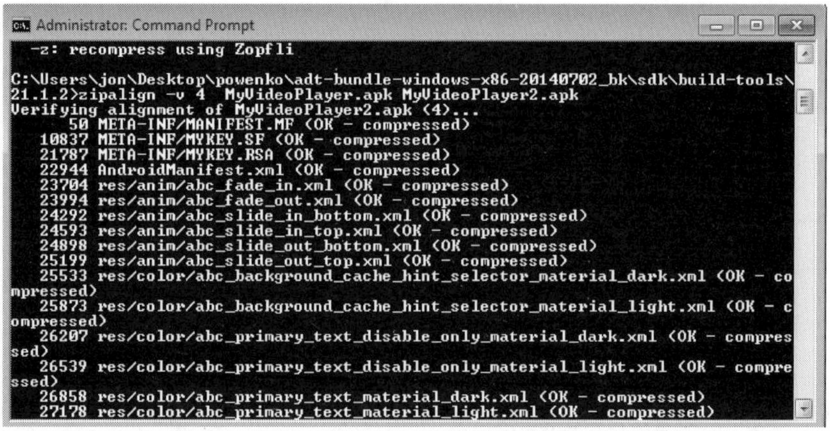

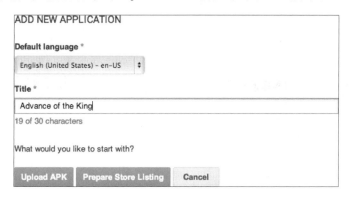

图 13-8　压缩 App

STEP4:设定语言、应用程序的名称

回到 Google Play 的后台,填写有关的软件说明。这里的 Default language 以后可以修改,建议先写英文版本,然后再单击 Upload APK 按钮,如图 13-9 所示。

图 13-9　设定语言、应用程序的名称

STEP5:上传 APK

单击 Browse files 按钮,上传刚刚压缩过的 APK,这样即可把 APK 上传到 Google Play 的后台,如图 13-10 所示。

STEP6:填写资料

要准备的资料如表 13-1 所示。

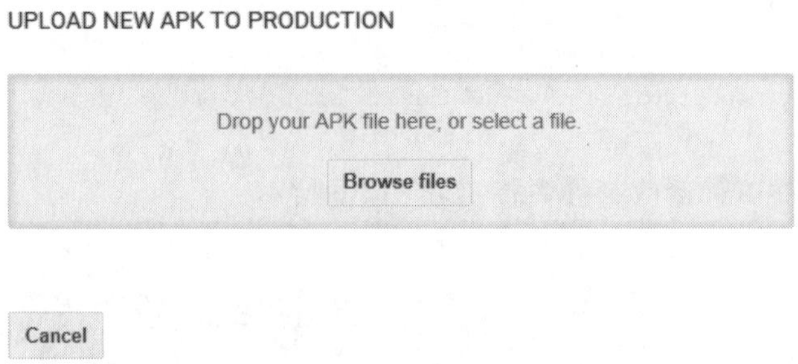

UPLOAD NEW APK TO PRODUCTION

Drop your APK file here, or select a file.

Browse files

Cancel

图 13-10　上传 APK

表 13-1　要准备的资料

名　　称	功　　能
Add translations	不同国家的语言版本：如果想要其他国家可以自动地用该国文字来显示软件介绍，那就可以按下此键，再新增一种语言的说明。若为中文，则可以选中 Chinese (Simplified)中文简体字或 Chinese (Tradotional)中文繁体
Title	应用程序的名称
Description	描述应用程序
Promo text	促销的文字
Recent changes	该版本的新功能与修改
Screenshots	画面截图，它提供了几个尺寸，从 320×480 到 1280×800，依应用程序的大小把截图存成 png 格式上传即可
High-res icon	应用图示的图标 icon：512×512
Feature graphic	特色图片：1024×500
Promo Video	如果把应用程序的运行情况录下一段影片，并上传到 youtube，则其就可以提到你的影片网址
Categorization	种类
Application type	应用程序的种类
Category：	种类
Content rating：	应用程序的分级制度
Contact Details	有关开发者的介绍
Website	网页位置
Email	购买如果有问题，可以处理的信箱
Phone	电话

　　尽量多写资料，并准备好漂亮的图片，如图 13-11 所示。在这里特别要说明的是，如果有些选项找不到，请单击图中的 1 处，更多的选项见图中的 2 处，如价格和贩卖的国家等。建议通过图中的 3 处 Save Draft 进行存储资料，还可以通过 Why can't publish 确认还有哪些资料未填写。最后就可以单击 Publish app 按钮。

　　如图 13-12 所示，需要提醒的是，当选中 Pricing and Distribution 设置要卖的价格与国家，依笔者的经验，一旦应用程序曾经是 free(免费)的，就不能再改回。

图 13-11　填写有关的文件数据

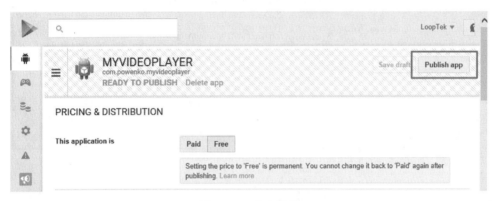

图 13-12　决定售价

最后再检查一下,单击右上角的 Publish app,就可以让全世界各个国家下载你的应用程序。另外,应用软件收入的 30% 会被 Google 收走,如果登记的是美国公司,还要缴纳美国的营业税,但是其他国家的登记公司就没这个问题。

教学视频:

完整的教学视频可以参看光盘中的 Android_googlePlay_addAPP。

13.3　Unity 游戏在 iOS 机器上测试

13.3.1　后台设置——产生凭证密钥

本节介绍如何把开发的 APP 游戏放在 Apple Store 上销售,整个流程的第一个步骤就是申请凭证文件和密钥凭证。

当 APP 开发完成之后在安装到实际机器上时需要加上凭证,一般称为应用程序凭证签署(code signing),也就是替应用程序签名,以确保这个 APP 是你写的。

STEP1:登录苹果开发者系统

通过浏览器,连接到苹果开发者系统的后台 https://developer.apple.com/。如果打算贩卖游戏软件,就需要在后台上花费 1 年 99 美元的费用,去登记一组账号。完成之后,单击右上角的 Member Center 进行登录,如图 13-13 所示。

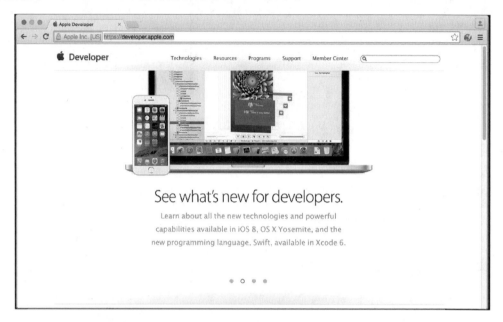

图 13-13　苹果开发者系统

STEP2：选择 Dev Centers 中的选项

登录之后就可以进入 Developer Program Resources 后台管理系统,选中选项 Dev Centers 中的 iOS,当然因为 Swift 程序语言是跨平台的,如果想要商家到 Mac 操作系统上,可选中 Mac,如图 13-14 所示。

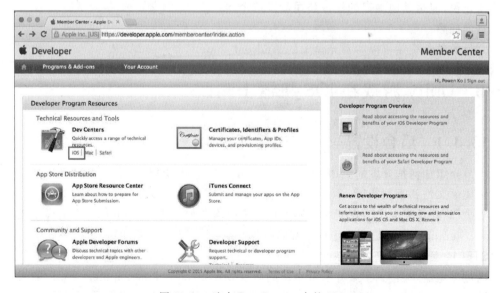

图 13-14　选中 Dev Centers 中的 iOS

STEP3：选中 Certificates

在页面中选中左边的 Certificates，如图 13-15 所示。

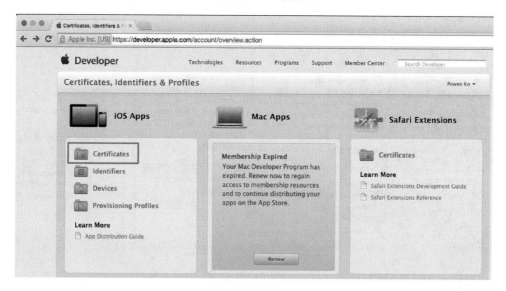

图 13-15　选中 Certificates

STEP4：单击 Request Certificates

单击右方的 Request Certificates 按钮来申请属于自己的凭证，如图 13-16 所示。

图 13-16　单击 Request Certificates

STEP5：打开 KeychainAccess.app（钥匙圈存取）

在 Mac 上产生凭证密钥，选择 Applications、Utilities、KeychainAccess.app（钥匙圈存取），如图 13-17 所示。

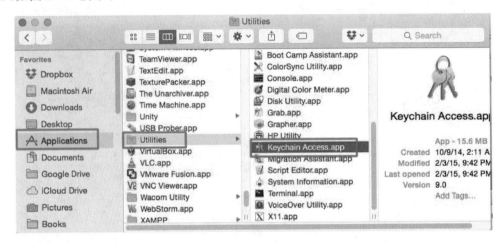

图 13-17　打开 KeychainAccess.app（钥匙圈存取）

STEP6：选取从凭证授权要求凭证

选择 Keychain Access | Certificate Assistant | Request a Certificate From a Certificate Authority，如图 13-18 所示。

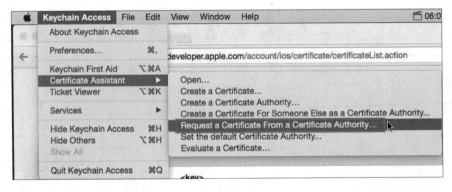

图 13-18　选取 Request a Certificate From a Certificate Authority（从凭证授权要求凭证）

STEP 7：设定凭证辅助程序

打开凭证辅助程序窗口后，先在 User Email Address 列表中选择电子邮件信箱，接着在下方的 Common Name 文本框中输入名称，应使用英文。这两项资料并不需要与任何注册的资料一致，只是用来产生密钥的根据而已。

取消选中 Emailed to the CA（已寄送电子邮件给 CA），并选中 Saved to disk 单选按钮，最后单击 Continue（继续）按钮来完成这个步骤，如图 13-19 所示。

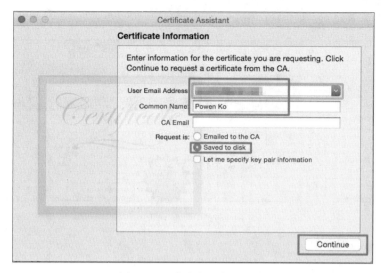

图 13-19　设定凭证辅助程序

STEP 8：存储密钥文件

在存储文件的窗口上，选择好要存储的位置并且单击 Save 按钮。

STEP9：上传认证文件

回到网页上传认证文件，完成之后，应直接单击右下方的 Submit 按钮，将密钥文件上传，如图 13-20 所示。

图 13-20　上传认证文件

上传完成后，系统就会根据密钥文件制作出凭证，但此时页面出现的并不是制作成功的页面，而是显示出 Pending Issuance，表示处理中的状态，这是由于制作凭证过程中是需要审核的。如果申请的开发者账号是属于公司团体的，就必须等待管理者的审核通过，但如果是个人的，则不用担心，会直接通过，可直接按下 F5 或重新整理的功能键来重新整理页面。

STEP10：下载认证

当 Status(状态)栏中出现 Issued(成功)的文字，表示凭证已经制作成功。直接单击之后就会看到有个 Download 按钮，用来下载制作完成的凭证。

注意这个动作要做两次，分别针对 iOS Distribution(分发)和 iOS Development(测试)

用，有两个都需要下载，如图 13-21 所示。

图 13-21　下载认证

STEP11：安装认证

回到 Mac 打开 Finder 窗口，在 Downloads 目录下找到刚刚下载的 AppleWWDRCA.
cer 和 ios_development.cer，分别单击两次，就可以直接安装此凭证文件。

运行结果：

设定成功之后，打开 Keychain Access，找到 Apple ID Key 凭证，表示此凭证已经安装
成功了。

注意：如果出现加入凭证的询问窗口，可直接单击加入按钮，确定要加入这个凭证文件，如
图 13-22 所示。

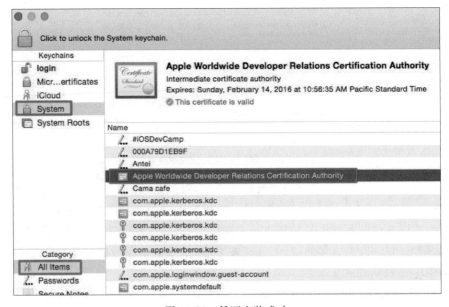

图 13-22　凭证安装成功

选中 aps_development. cer 凭证文件，同样地直接单击两次，来安装密钥的凭证。接着同样进入 Keychain Access 来验证凭证是否安装成功。先确认左上方的钥匙圈是否选取登录，如果不是，则选中，左下方的类别应选为钥匙，找到第一步骤所制作的密钥名称，如本例中为 ives sun。应该会有两个，种类为专用密钥的那一支钥匙，左边会出现一个小小的灰色三角形，选中并往下拉出刚刚安装的密钥凭证，如果有，则表示密钥凭证安装成功；如果没有，可能要重新安装一次，如图 13-23 所示。

图 13-23　确认密钥凭证安装成功

13.3.2　下载安装开发证、测试认证和登记测试机器

本节介绍如何下载安装开发、测试认证，并且把 iPhone、iPad 机器做个登记，方便下一节做测试。

1. 登记测试用的机器步骤

STEP1：连接测试的 iPhone、iPad 到 Mac

（1）把要做测试的 iPhone、iPad 接到 Mac 上。

（2）通过 Xcode 软件选择 Window|Devices 命令，如图 13-24 所示。

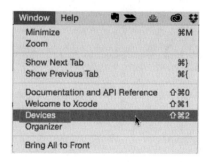

图 13-24　在 Xcode 软件中选择 Window|Devices

STEP2：取得测试的 Identifier 号码

（1）在打开的窗口中选中设备。

（2）复制设备的 Identifier 号码，也就是 UUID 号码，如图 13-25 所示。

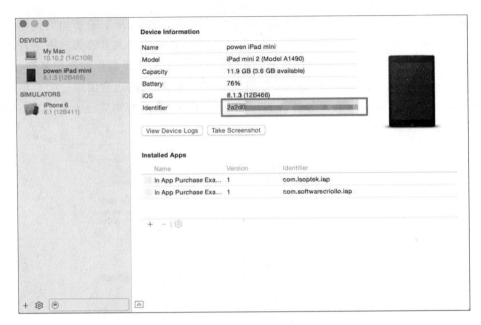

图 13-25　Identifier 的号码复制

STEP 3：回到网页中的 Certificates

（1）在 Certificates 页面中选中左边的 Devices\All。

（2）在右边就会列出所有的设备，选中右上角的"＋"号来增加设备，如图 13-26 所示。

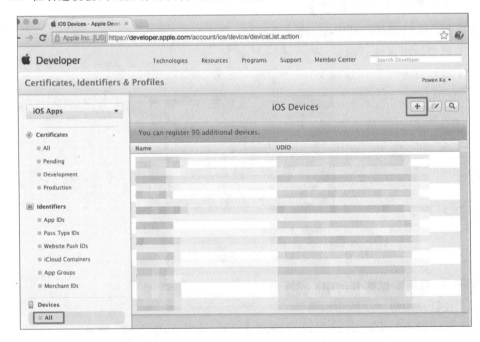

图 13-26　增加设备

添加设备资料,如图 13-27 所示。

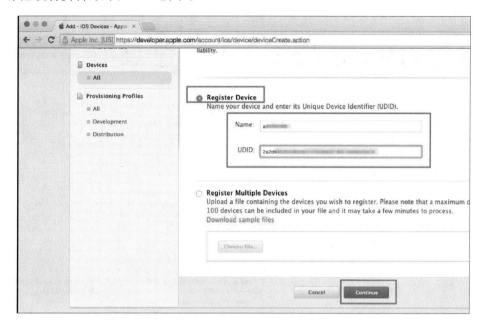

图 13-27 添加设备资料

2. 设置 App IDs 步骤

STEP1:添加新的 App IDs

回到网页,添加新的 App IDs:

(1) 选中 Identifiers 的 App IDs。

(2) 在 App IDs 设置的右上角单击"＋"按钮,如图 13-28 所示。

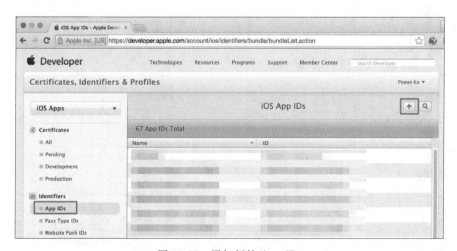

图 13-28 添加新的 App IDs

STEP2：设置 App IDs 数据

在新的添加 App IDs 页中进行设定，如图 13-29 所示：

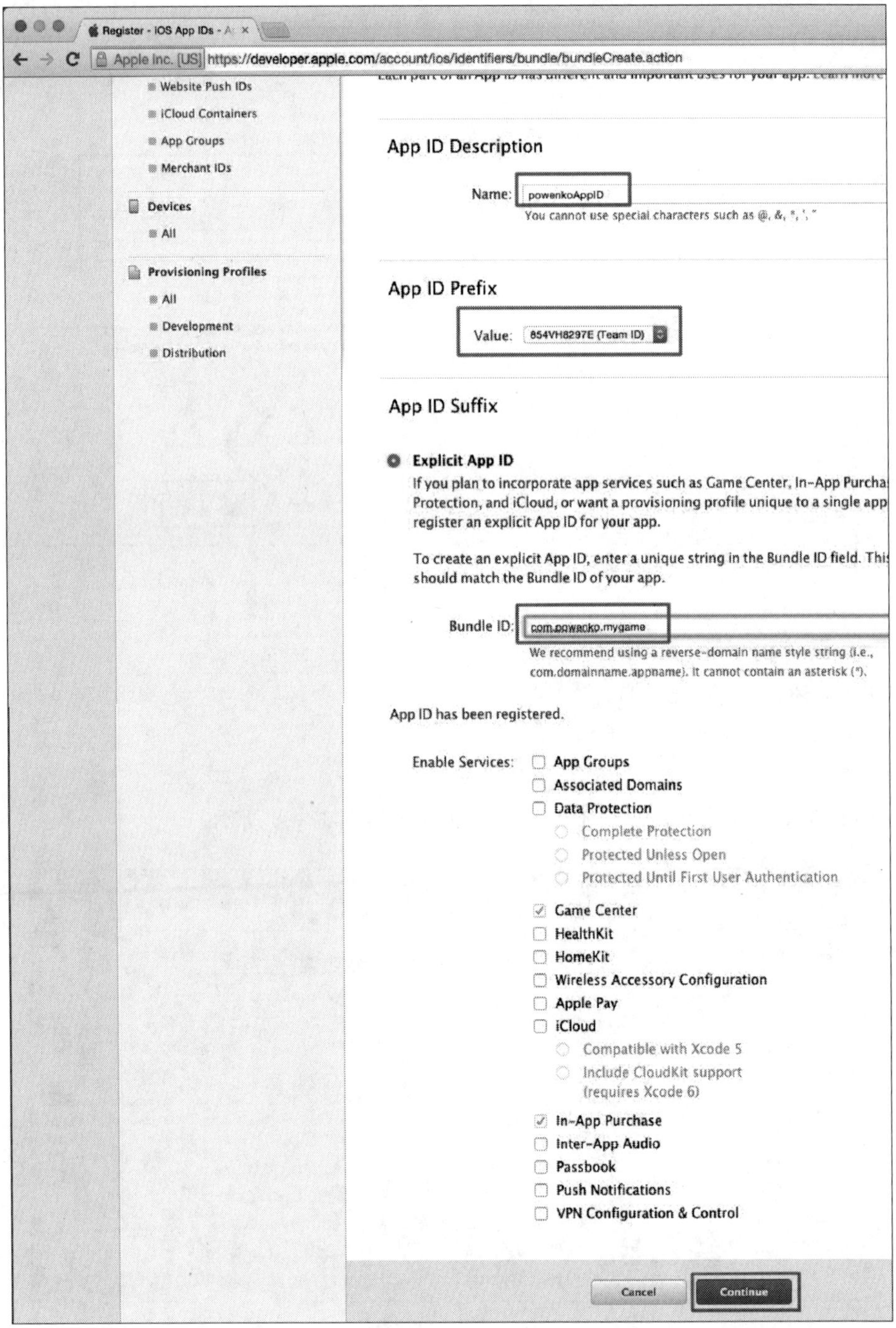

图 13-29 设置 App IDs 数据

（1）设置 Name。

（2）设置 App ID Prefix，如果不确定，选第一个即可。

（3）选中 Explicit App ID 单选按钮。

（4）设置 Bundle ID。

（5）单击 Continue 按钮。

注意：应记住 Bundle ID，在测试和发布时需要这个号码。

---

3. 设置 iOS 开发者认证和下载安装步骤

STEP1：添加新的 iOS 认证

回到网页，如图 13-30 所示，添加新的 iOS Provisioning Profiles：

（1）选中 Provisioning Profiles 中的 All。

（2）在 iOS Provisioning Profiles 设置的右上角单击"＋"按钮。

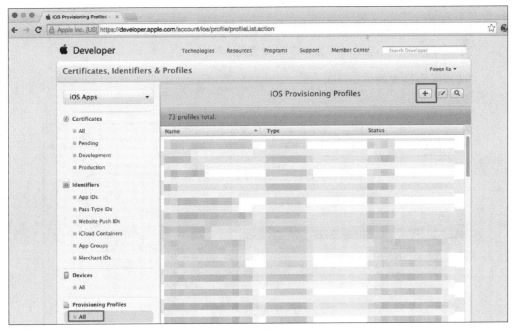

图 13-30　添加新的 iOS 认证

STEP2：设置开发者认证

在 iOS Provisioning Profiles 中，如图 13-31 所示，通过以下步骤设置：

（1）选中 iOS App Development 单选按钮。

（2）单击 Continue 按钮。

STEP3：选择 App ID

如图 13-32 所示。

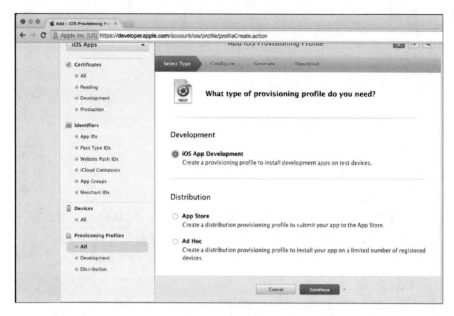

图 13-31　设置开发者认证

（1）选择刚刚设置的 App ID。

（2）单击 Continue 按钮。

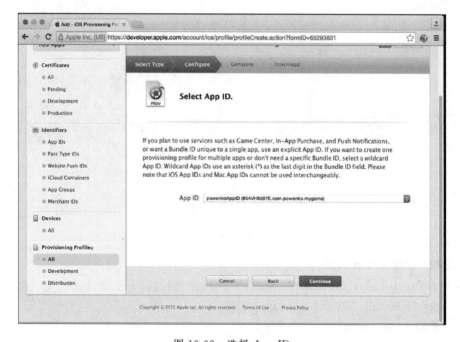

图 13-32　选择 App ID

STEP4：选择开发者认证

如图 13-33 所示，在选择开发者认证中，选中开发者认证。如果没有特定的要求，推荐是全部都选择。

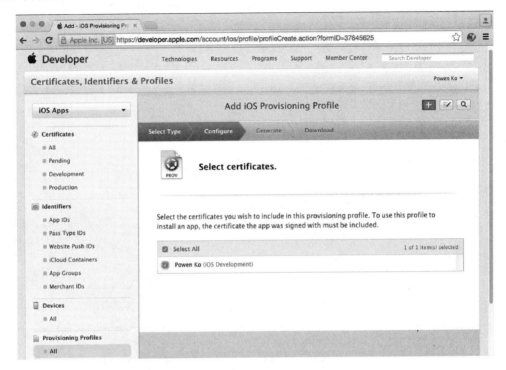

图 13-33　选择开发者认证

STEP5：选择测试用的机器

当前为止所设置的是测试用的认证，应选中要测试的机器。如果没有特定的要求，推荐是全部都选择，如图 13-34 所示。

STEP6：下载开发者认证

接下来就可以下载开发者认证。单击 Download 按钮即可，如图 13-35 所示。

4．设置 iOS 发布认证和下载安装步骤

设置 iOS 发布认证和下载安装与开发者认证非常类似。回到 iOS Provisioning Profiles 中，选中 Provisioning Profiles 中的 All，在 iOS Provisioning Profiles 设置的右上角单击"＋"按钮。唯一不同的是在选择认证种类时，应选择发布认证 App Store，如图 13-36 所示。

运行结果：

设定成功之后，就可以下载并且取得两个认证。并且记得双击执行，这两个认证才会自动地加入 Xcode 中，如图 13-37 所示。

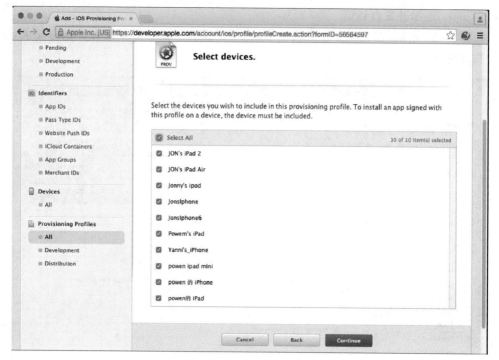

图 13-34　选择测试用的机器

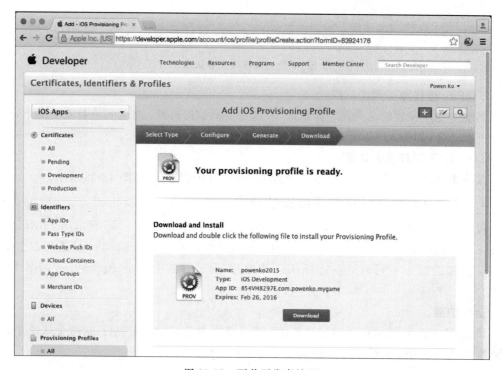

图 13-35　下载开发者认证

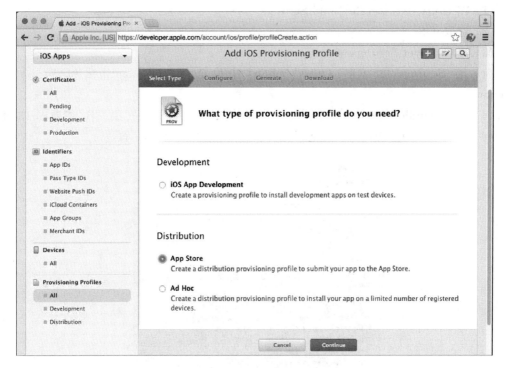

图 13-36　选择发布认证 App Store

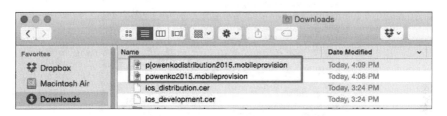

图 13-37　取得认证

13.4　Unity 游戏在 iPhone、iPad 机器上测试

本节介绍如何在实际的 iPhone、iPad 机器设备上测试程序。

STEP1：连接测试的 iPhone、iPad 到 Mac

把要测试的 iPhone、iPad 接到 Mac 上。

STEP2：确认 APP 的 App ID

每个 APP 为了做区分，都会有一个 package name，这个名称也是在 Xcode 建立 APP 时会出现在 Bundle Identifier 中。在 Unity 中输出项目的时候，曾经设定过这个选项，如图 13-38 所示。

（1）在 Unity 中选择 File|Build Settings。

（2）选取 iOS。

（3）选取 Player Settings 来设定 iOS 。

（4）在 Settings for iOS | Other Setings 中设定 Bundle Identifier 和 Target iOS Version。

（5）确认 Bundle Identifier 与在 Apple 中所设定的 App ID 要一模一样，参看图 13-29。

（6）将 Target iOS Version 调整到与实际的 iOS 设备的版本一样。

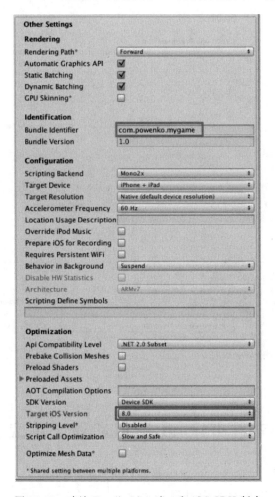

图 13-38　确认 Bundle Identifier 和 iOS SDK 版本

STEP3：产生 iOS 项目

（1）在 Unity 中选择 File|Build Settings。

（2）选取 iOS。

（3）选取 PlayerSettings 来设定 iOS。

STEP 4：确认 Xcode APP 的 App ID

通过 Xcode 将应用程序打开，并且选择项目的名称，如图 13-39 所示。

（1）选择项目名称。

（2）选取 General 选项。

（3）修改和确定 Bundle Identifier 的名称是在苹果的后台上面所登记的 App ID，参看图 13-29。

（4）依照实际的 iOS 设备调整 iOS SDK 的版本。如果想让这个应用程序在 iPhone 和 iPad 上面都可以执行，则把 Devices 选项修改为 Universal。

（5）Device Orientation 设定此 APP 显示的是垂直或横向。

（6）如果要在实际的 iOS 设备上执行，应选取该设备名称，否则可以选取模拟器的名称。

（7）单击 Play 按钮，Xcode 便会安装此游戏 APP 到所指定的设备上。

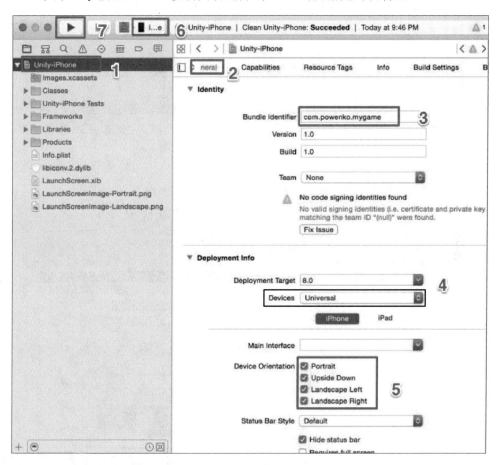

图 13-39　通过 Xcode 和 General 即可设置 Bundle Identifier

运行结果：

设定成功之后，可以在实际的设备上执行。图 13-40 所示是在实际设备上执行的情况。

排除错误：

一般来说，如果无法顺利地在设备上执行程序，可依照以下方法来解决问题：

（1）确认设备可以被 Mac 找到。

（2）当第一次连接的时候，iPad、iPhone 上会询问是否愿意与这台 Mac 计算机作开发用设备。

图 13-40　在实际设备上执行的情况

（3）确认该硬件设备的 UUID 与在苹果后台登记的 Device ID 是一样的。

（4）确认这个设备没有被破解。

（5）重新把计算机和测试硬件设备连接一下，并重新开机测试一遍。

（6）确定本节的所有步骤都是正确的。

13.5　Unity 3D 游戏到 Apple Store 上架

本节介绍如何准备 APP，并且设置该 APP 的语句和画面。这些数据到时候都会先在 App Store 上面显示，让用户当成参考数据以了解 APP 的功用，注意这些语句文字都会影响到销售成绩。

STEP1：到 Apple 开发者后台

打开浏览器，导到 Apple Store 的后台管理系统 https://developer. apple. com/membercenter/index. action，选中 Dev Centers 中的 iOS，如图 13-41 所示。

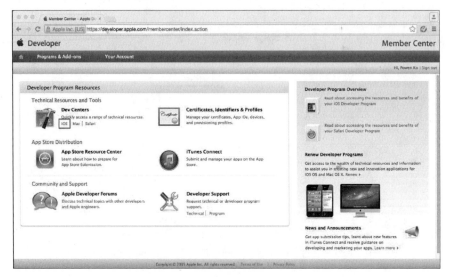

图 13-41　到 Apple 开发者后台

STEP2：选中 iTunes Connect

如图 13-42 所示，选中 iOS Developer Program 中的 iTunes Connect 按钮到下一个步骤。

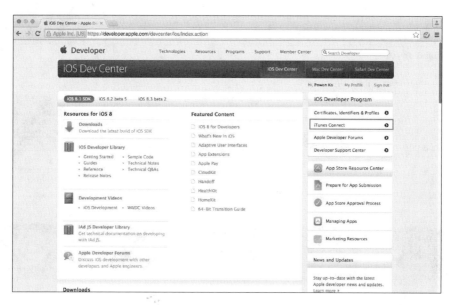

图 13-42 选中 iTunes Connect

STEP3：单击 My Apps

如图 13-43 所示，在 iTunes Connect 管理系统中单击 My Apps。

图 13-43 单击 My Apps

STEP4：新增一个 APP 应用程序

如图 13-44 所示，单击 My Apps 窗口中左上角的"＋"按钮，用来增加一个新的 APP 应用程序。

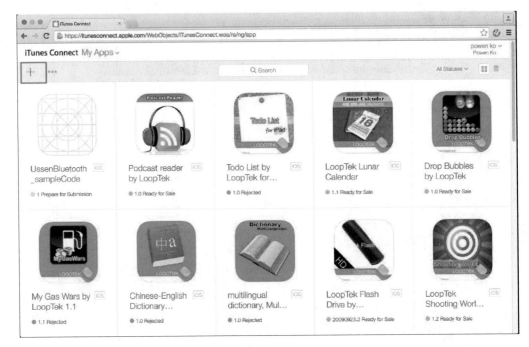

图 13-44　新增一个 APP 应用程序

STEP5：设置 APP

如图 13-45 所示，需要设定，如 Name(应用程序名称)等。比较特别的是：

(1) Version：版本编号。这个编号与要上传的 APP 应用程序中的版本编号 Version 必须一样。

(2) 可以在要上传的 APP 应用程序中(项目|一般 General)|版本编号(Version)找到这个号码。

(3) Bundle ID：要上传的 APP 应用程序的 Bundle ID。

(4) SKU：这只是一个独立的编号，一般来讲可以用日期时间来设置。

(5) 完成之后，单击创建按钮就可以了。

STEP6：填写 APP 应用程序的功能和用途

接下来需要填写这个 APP 应用程序的详细数据。写得越详细越好，这样可以方便引擎寻找，或者玩家可以很容易地了解 APP 应用程序的功能和用途。虽然当前是填写英文的语句，但是在右上角可以选择不同的语言，推荐不急于切换成中文或其他的语言。把英文的部分全部填写完，等上架之后再在这里设置不同语言的语句，如图 13-46 所示。

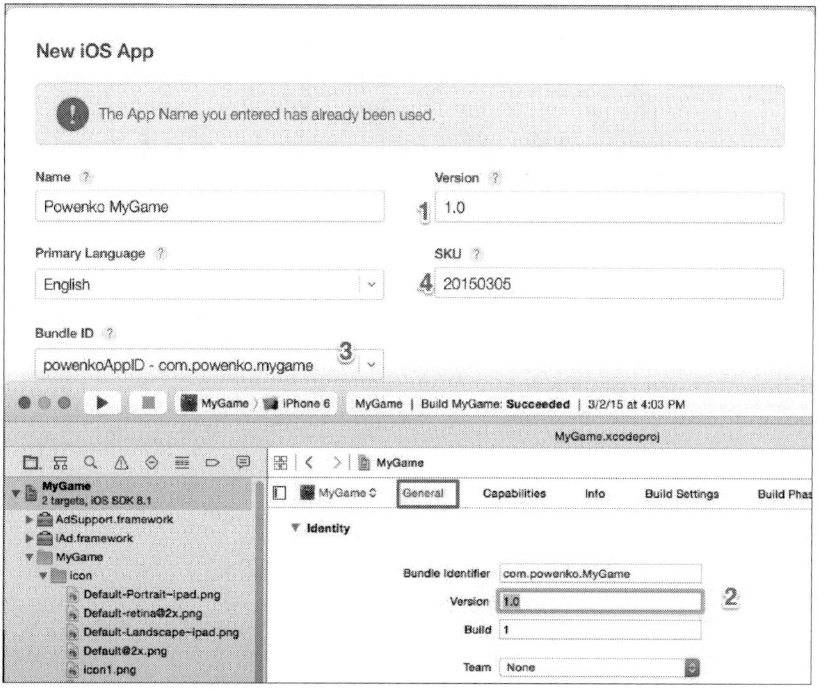

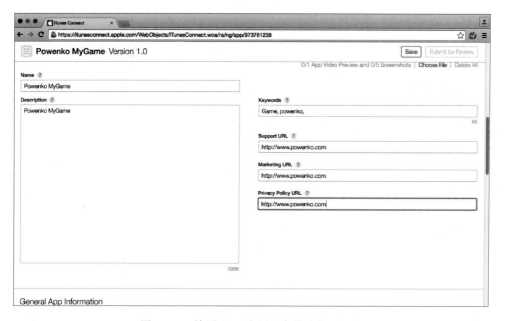

图 13-45　新增一个 APP 应用程序的名称

图 13-46　填写 APP 应用程序的功能和用途

STEP7：填写正确的公司的详细资料

如图 13-47 所示，填写正确的公司的详细数据。比较特别的是在韩国因为当地的法律要求，这些地址数据会在韩国版的 APP Store 上面显示。

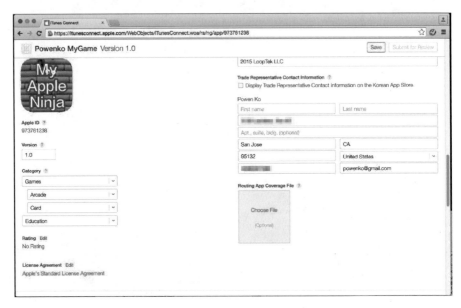

图 13-47　填写正确的公司的详细资料

STEP8：选取 Price 设定价格

在图 13-48 的正上方有一个按钮 Price，在这里可以设置这个应用程序的价格或者是免费。特别的是，可以设置在某个特定的时间价格为多少，或者是在某特定的时间免费等。

图 13-48　选取 Price 设定价格

STEP9：添加图片

回到原本的 APP 设置页，在这里需要准备多张 APP 应用程序的截图。比较特别的是，要针对不同版本的 iPhone、iPad 分别获取截图，推荐使用仿真器来获取画面会比较容易，如图 13-49 所示。

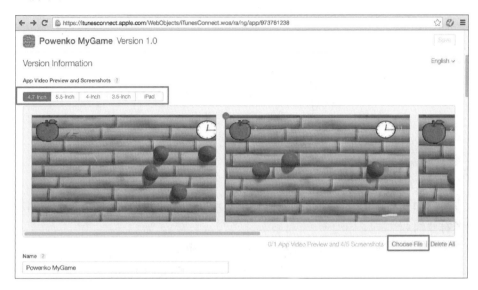

图 13-49　添加图片

STEP10：存储数据

如图 13-50 所示，应尽可能地填写所有的数据，最后单击 Save 按钮。

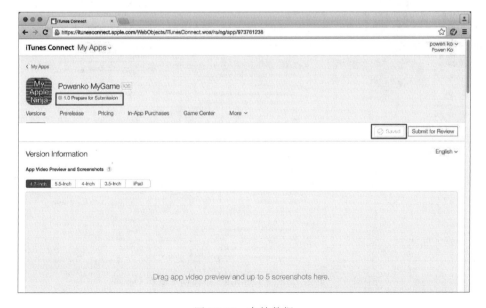

图 13-50　存储数据

运行结果：

存储成功后如图 13-51 所示，会显示 Prepare for Submission，表示设定的部分已结束，等待上传应用程序。

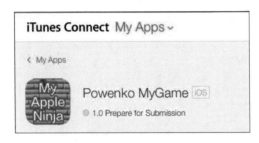

图 13-51　结果

13.5.1　上传 APP

本节介绍如何将应用程序上传到 APP Store 中。一般来讲，如果是全新的应用程序，多多少少会有些问题。

STEP1：确定 Bundle Identifier 并切换成 iOS Device

如图 13-52 所示，先确定 Bundle Identifier，再选择项目中的 Info 并且确定这个号码与在 APP Store 后台上面的号码是完全一致的。

通过鼠标把正上方的仿真器切换成 iOS Device。

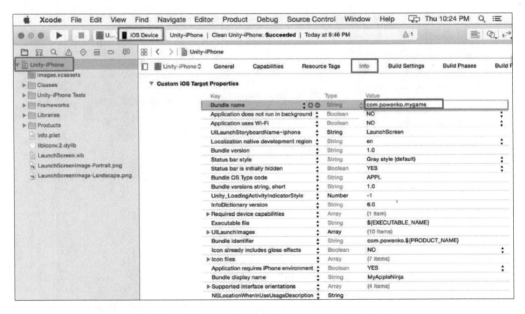

图 13-52　确定 Bundle Identifier 并切换成 iOS Device

STEP2：使用认证

如图 13-53 所示，打开 Build Settings，将 Debug 设置为 Any iOS SDK：iOS Developer，将 Release 设置为 Any iOS SDK：iOS Distribution。

如果没有找到这两项，则表示认证并没有下载成功。

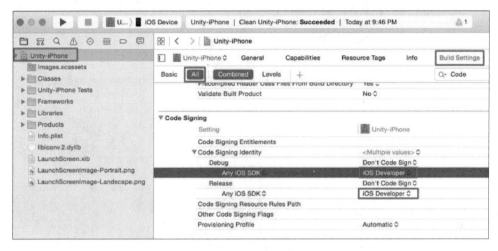

图 13-53　使用认证

STEP3：选择 Product|Archive 命令

如图 13-54 所示，选择 Product|Archive 命令上传 APP 应用程序。如果该选项不能选择，则应确认当前运行的机器是不是 iOS Device。

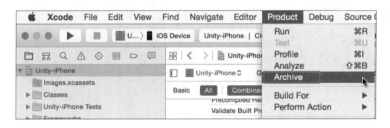

图 13-54　选择 Product|Archive 命令

STEP4：单击 Validate 按钮

如图 13-55 所示，单击 Validate 按钮，以测试现在的应用程序 APP 是不是准备好了，也就是做一个上传之前的测试动作。

STEP5：选择开发者的认证

选择开发者的认证，之后单击 Choose 按钮，如图 13-56 所示。

STEP6：单击 Validate 按钮

如图 13-57 所示，单击 Validate 按钮。

图 13-55　单击 Validate 按钮

图 13-56　选择开发者的认证

图 13-57　单击 Validate 按钮

STEP7：测试成功

如果一切顺利，则弹出图 13-58 所示的对话框。单击右下角的 Done 按钮。一般来说，不太可能一次就成功，万一不成功，则应仔细地看一下错误的语句。通常来讲，可能是什么文件或者设置需要调整。请试着解决看看，如果真的不行，依笔者的经验，推荐把错误的消息输入到搜索网站上，一般都会找到解决的方案。毕竟现在 APP 都已经上千万个，大家发生的问题大致上都很类似。

图 13-58　测试成功

STEP8：上传应用程序

当测试成功之后，如图 13-59 所示，单击右边的 Submit 按钮。

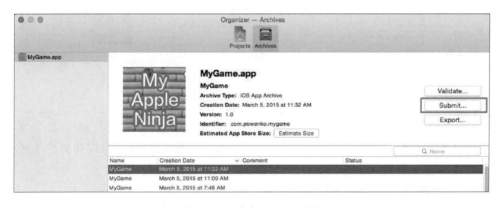

图 13-59　单击 Submit 按钮

STEP9：上传文件

上传的时候应稍微等待一下，Xcode 会一个个上传文件，如图 13-60 所示。

运行结果：

如图 13-61 所示，表示上传 APP 应用软件成功。

图 13-60　上传文件

图 13-61　成功上传 APP 应用软件

13.5.2　送审、上架售卖

至此已经顺利地把 APP 应用软件送到 Apple Store 的后台，下面介绍如何把上传的应用软件交给 Apple 审查人员进行审查并上架售卖。

STEP1：选择 APP 应用程序

应用程序的设置页如图 13-62 所示，单击 Build 下面的"＋"，并且选中所上传的 APP 应用程序，最后单击右下角的 Done 按钮。

STEP2：申请前的最后认证

如图 13-63 所示，检查所有的设置是否全部都填写完毕。如果没有，则尽快设置好。例如，Rating 设置 App 是不是有暴力色情的画面。

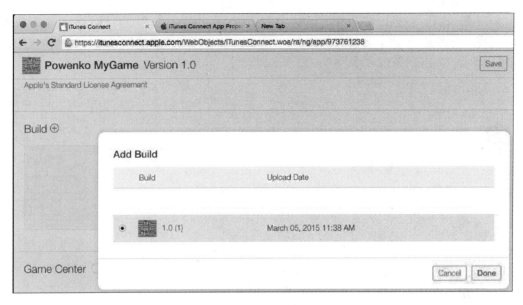

图 13-62　选择 APP 应用程序

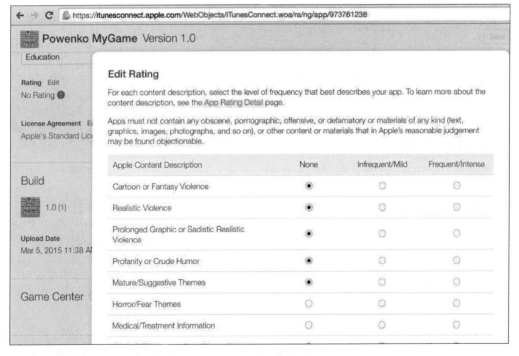

图 13-63　申请前的最后认证

STEP3：送审

如图 13-64 所示，单击右上角的 Submit for Review 按钮，请 Apple 相关人员来审核此应用程序。一般来说，都会有错误的提示，依照上面的修改就可。如果想设置其他语言的语句，可以单击 English 按钮来增加其他语言的语句。

图 13-64　送审

STEP4：送审前的问题

如图 13-65 所示，最后送审前会问你几个问题，如是否有违法的内容等，请诚实回答。

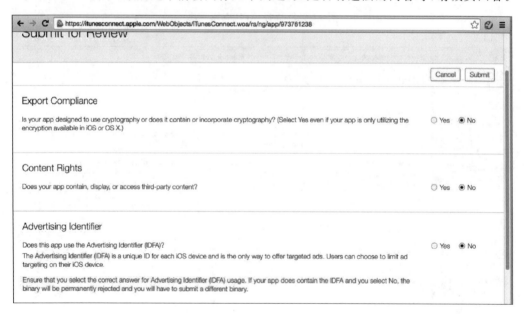

图 13-65　送审前的问题

运行结果：

如图 13-66 所示，App 显示 Waiting for Review，通常需要等一周左右，Apple 相关人士会 E-mail 通知是否顺利通过。如果没有通过，不用紧张，仔细地看 E-mail，只要依照上面的说明修改 App，再送审一次即可。以笔者的经验，二三次之后通常就可以上市。

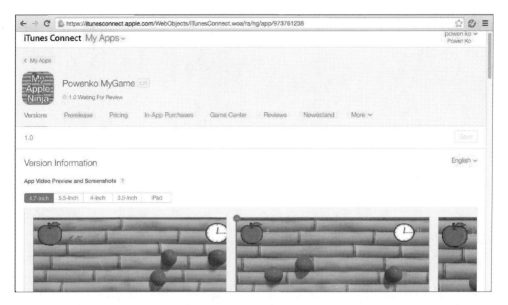

图 13-66　运行结果

本章习题

1. 问答题

凭证密钥是什么？

2. 实作题

（1）依照本章所学的知识把自制的游戏顺利地上架到 Google Play 上。

（2）依开发实际，把一款 APP 上架到 Apple Store 上。